本技术报告的最初发表为美国能源部国家可再生能源实验室

Best Practices Handbook for the Collection and Use of Solar Resource Data

太阳能资源数据采集与应用最佳实践手册

Tom Stoffel, Dave Renné, Daryl Myers, Steve Wilcox,

Manajit Sengupta, Ray George, Craig Turchi

申彦波　张　悦　胡玥明　译

China Meteorological Press

内容简介

本书紧扣当前太阳能领域的迫切需求，以辐射测量为基础，全面介绍了国际上主流的地面太阳辐射计算方法以及数据库的情况，并且提供了辐射数据在太阳能工程领域的应用方法，可望成为太阳能领域以及气象领域相关人员的重要工具书。

图书在版编目(CIP)数据

太阳能资源数据采集与应用最佳实践手册／（美）汤姆·斯托弗等编著；申彦波等译. — 北京 ：气象出版社，2020.4

ISBN 978-7-5029-7183-0

Ⅰ.①太… Ⅱ.①汤… ②申… Ⅲ.①太阳能利用-数据采集-手册 Ⅳ.①TK519-62

中国版本图书馆 CIP 数据核字（2020）第 043776 号

Taiyangneng Ziyuan Shuju Caiji yu Yingyong Zuijia Shijian Shouce
太阳能资源数据采集与应用最佳实践手册

出版发行：气象出版社			
地　　址：北京市海淀区中关村南大街 46 号		邮政编码：100081	
电　　话：010-68407112(总编室)　010-68408042(发行部)			
网　　址：http://www.qxcbs.com		**E-mail**： qxcbs@cma.gov.cn	
责任编辑：林雨晨		终　　审：吴晓鹏	
责任校对：王丽梅		责任技编：赵相宁	
封面设计：博雅思企划			
印　　刷：北京中石油彩色印刷有限责任公司			
开　　本：787 mm×1092 mm　1/16		印　　张：10.25	
字　　数：260 千字		彩　　插：8	
版　　次：2020 年 4 月第 1 版		印　　次：2020 年 4 月第 1 次印刷	
定　　价：68.00 元			

本书如存在文字不清、漏印以及缺页、倒页、脱页等，请与本社发行部联系调换。

译者前言

进入 21 世纪后,中国太阳能产业发展迅速。2015 年底,中国光伏发电累计装机规模达到 4318 万千瓦,装机总量位居世界第一,此后几年,新增和累计装机容量始终保持领先。2016 年 9 月,我国首批 20 个太阳能热发电示范项目正式公布,截至 2019 年底,全国已有 4 座塔式、1 座槽式商业化太阳能热发电项目并网运行,总装机容量达到 300 MW。随着产业规模的持续扩大和技术水平的不断进步,太阳能发电行业对资源评估的要求越来越高,对地面辐射数据的采集和应用也愈加关注。

为了响应太阳能热发电行业的应用需求,2010 年 9 月,美国国家可再生能源实验室(NREL)发布了第一本与太阳能资源评估有关的实践手册——《太阳能热发电:太阳能资源数据采集与应用最佳实践手册》(CONCENTRATING SOLAR POWER:Best Practices Handbook for the Collection and Use of Solar Resource Data)。这是一本专门为太阳能行业从业人员编写的手册,可为项目人员解答从电站规划、设计、建设到运营阶段可能遇到的所有与资源相关的技术问题,是一本不可多得的太阳能资源评估实用手册。虽然这本手册以太阳能热发电(CONCENTRATING SOLAR POWER)为主题,但是其内容适用于各种太阳能发电系统。因此,为了让更多的读者从中获益,我们在命名中文译本时没有保留"太阳能热发电"这一限制性领域,而是将书名定为《太阳能资源数据采集与应用最佳实践手册》。

手册由中国气象局公共气象服务中心申彦波博士和中国科学院大气物理研究所张悦博士共同翻译完成,中国气象局公共气象服务中心胡玥明对全部文字和图片进行了校对和整理。

中国气象科学研究院王炳忠先生对第一版译稿提出了大量宝贵意见,并更正了原文中的多处错误,在此向他表示衷心的感谢。北京玖天气象科技有限公司孙逸涵、王香云,安徽省气象服务中心王传辉在本书翻译过程中提供了大量帮助,北京天译科技有限公司姚薇重新制作了本书全部图件,在此一并表示感谢!

美国国家可再生能源实验室太阳能资源评价与预报研究部门(Resource assessment and forecasting research)谢宇博士和 Aron Habte 先生通过多方协调为译者提供了大量原版图件,极大地提高了本书的质量和可读性,在此向他们表示崇高的敬意。

本书的翻译和出版由第二次青藏高原综合科学考察研究清洁能源现状与远景评价专题(2019QZKK0804)和国家重点研发计划课题(2018YFB1500901)"关键气候因素对光伏系统影响研究和建模技术"共同资助,特此致谢。

由于译者水平有限,翻译过程中难免出现纰漏,敬请读者见谅。若发现图书存在错误或翻译不妥的地方,请联系我们(Huyueming293836@cma.cn),我们会在下次修订时更正。

译者

2019 年 11 月 15 日

于北京

致　谢

　　本手册是美国国家可再生能源实验室（National Renewable Energy Laboratory，NREL）电力、资源和建筑系统集成中心（Electricity，Resources，and Building Systems Integration Center）成员集体努力的结晶，他们是：Tom Stoffel、Dave Renné、Daryl Myers、Steve Wilcox、Manajit Sengupta、Ray George 和 Craig Turchi。来自工业界、学术界和其他联邦机构的同行对手册做了严格评审，他们的宝贵工作让这本手册如作者所愿成为了一本面向太阳能热发电行业的工具书。Connie Komomua 和 Stefanie Woodward 对本书做了编辑，作者深表感谢。另外，特别感谢 NREL 太阳能热发电研究项目（Concentrating Solar Power Research Program）首席项目经理 Mark Mehos，这本手册的编纂与他的领导才能是分不开的。本项工作由美国能源部（United States Department of Energy，DOE）太阳能技术项目（Solar Technology Program）资助，合同编号为 DE-AC36-9-GO10337。

前　言

　　太阳能热发电行业需要一本处理资源问题的工具书,这种需求日益增长。为了响应这种需求,本手册应运而生。

　　本手册由科学家和工程师们集体编写而成,他们在大气科学、辐射测量、气象资料处理和可再生能源技术开发方面拥有数十年的从业经验。在过去 30 年,美国能源部(DOE)和国家可再生能源实验室(NREL)一直致力于可再生能源储备方面的研究。从本质上讲,这本手册代表了 30 多年研发投入所带来的成就之和。

　　为了便于后续修订和增加本书内容,我们欢迎读者提供宝贵意见。

引　言

在全球倡导低碳的今天,太阳能无疑是地球上最丰富的能源。如何利用好太阳能是 21 世纪面临的挑战。光伏发电(PV)和太阳能热发电(CSP)是两种主要的太阳能发电形式。这两种方式采用不同的技术,收集不同形式的太阳辐射,具有不同的选址要求和发电能力。PV 通常用作分布式发电,而 CSP 则倾向于大规模集中式部署。因此,大型 CSP 的投资成本较高,建设成本有时会超过 10 亿美元。在此类项目开工之前,项目开发商必须了解"燃料"的质量和可靠性信息。换言之,项目开发商需要获得特定位置的太阳能资源数据。这些数据除历史趋势外,还应包含季节变率、日变率、小时变率和亚小时变率(以亚小时分辨率为最佳),可以用来预测待建 CSP 项目每一天和每一年的产能。如果没有这些数据,财务分析就无法开展。

2008 年 9 月,美国能源部(DOE)召集了一次由知名 CSP 开发商和利益方参加的会议。此次会议的目的之一,是让能源部下属的 CSP 部门帮助行业开发和部署项目,并明确需求。需求清单的第一条就是提供高质量的太阳能资源数据,并告知行业如何在项目选址和产能估算中更好地使用这些数据。根据这一需求,国家可再生能源实验室(NREL)在会后编写发布了《太阳能热发电——太阳能资源数据采集与应用最佳实践手册》(CONCENTRATING SOLAR POWER:Best Practices Handbook for the Collection and Use of Solar Resource Data)。这本手册的内容涉及资源识别、质量控制以及太阳能气象资料的使用方法,由来自工业界、学术界及能源部的科学家和工程师协作完成。

本手册详细介绍了从选址到系统运行各个阶段所需的太阳能资源数据及其衍生数据产品。本手册可以用作项目每一个阶段的参考书,不需要逐页通读。下图列出了项目各个阶段和对应章节所涉及的内容。

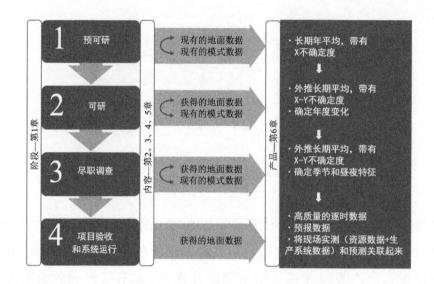

　　对于项目开发商、EPC工程总承包商、电网公司、能源集团、金融投资方和其他涉及CSP规划开发的单位,本手册在收集和解读太阳能资源数据方面颇具实用价值。

缩略词

ABI	Advanced Baseline Imager	高级基线成像仪
AC	alternating current	交流电
ACRIM	Active Cavity Radiometer Irradiance Monitor	主动腔体辐射计辐照度监测仪
AM	atmospheric mass	大气质量
AOD	aerosol optical depth	气溶胶光学厚度
ARM	Atmospheric Radiation Measurement	大气辐射测量项目
AU	astronomical unit	天文单位,1AU≈14959787011m
AVHRR	Advanced Very High Resolution Radiometer	先进甚高分辨率辐射仪
BEST	Built Environment & Sustainable Technologies Center	建筑环境与可持续发展技术中心
BIPM	Bureau International des Poids et Mesures	国际计量局
BMS	Baseline Measurement System	基准观测系统
BSRN	Baseline Surface Radiation Network	地面辐射基准站网
C	circumsolar brightness 0.3 degrees to 3.2 degrees from the center of the solar disk	日面中心以外 0.3°～3.2°之间的环日亮度
CERES	Clouds and the Earth's Radiant Energy System	云与地球辐射能量系统
CIE	Commission Internationale de l'Eclairage	国际照明委员会
CISI	Computational and Information Systems Laboratory	计算与信息系统实验室
CONFRRM	Cooperative Network for Renewable Resource Measurements	可再生资源观测协作站网
COV	coefficient of variation	变异系数
CPC	Climate Prediction Center	美国气候预测中心
CSP	Concentrating Solar Power	太阳能热发电
CSR	Climatological Solar Radiation	太阳辐射气候模式
DEM	digital elevation model	数字高程模型

DHI	diffuse horizontal irradiance	水平面散射辐射
DIR	downwelling infrared radiation	向下红外辐射
DISC	direct solar insolation code	太阳直接辐射模型
DLR	Deutschen Zentrums für Luft-und Raumfahrt	德国宇航中心
DLR-ISIS	irradiance at the surface derived from ISCCP cloud data	来自 ISCCP 云数据的地面辐照度
DNI	direct normal irradiance	法向直接辐射
DOE	United States Department of Energy	美国能源部
EPA	Environmental Protection Agency	美国国家环境保护局
ERDA	Energy Research and Development Administration	美国能源研究和开发管理局
ESRA	European Solar Radiation Atlas	欧洲太阳辐射图集
ESRI	Environmental Systems Research Institute	ESRI 公司
ESRL	Earth Systems Research Laboratory	地球系统研究实验室
ESSA	Environmental Science Services Administration	美国环境科学服务局
ETR	extraterrestrial solar radiation	地外太阳辐射
EU	European Union	欧盟
EUMET-SAT	European Organization for the Exploitation of Meteorological Satellites	欧洲气象卫星应用组织
FLASHFlux	fast longwave and shortwave radiative fluxes	快速长波与短波辐射通量
FOV	field of view	视场
FUSC	Federal University of Santa Catarina	圣卡塔琳娜州联邦大学
GAW	Global Atmosphere Watch	全球大气观测计划
GEO	Group on Earth Observation	地球观测组
GEWEX	Global Energy and Water Exchanges	全球能量与水循环试验
GHI	global horizontal irradiance	水平面总辐射
GIS	Geographic Information System	地理信息系统
GISCO	Geographic Information System of the Commission	欧盟委员会地理信息系统
GISS	Goddard Institute for Space Studies	戈达德太空研究所
GMAO	Global Modeling and Assimilation Office	全球模拟和同化办公室
GMES	Global Monitoring for Environment and Security	全球环境与安全监测
GMD	Global Monitoring Division	全球监测分部

GMS	Geostationary Meteorological Satellite	地球静止气象卫星
GMU	Guide to Measurement Uncertainty	测量不确定度指南
GNDRAD	Ground Radiometers on Stand for Upwelling Radiation	测量向上辐射的地面辐射计
GOES	Geostationary Operational Environmental Satellites	地球静止业务环境卫星
GRASS	Geographic Resources Analysis Support System	地理资源分析支持系统
GRID	Global Resource Information Database	全球资源信息数据库
GSIP	GOES Surface Insolation Product	GOES 地表日射产品
GUM	Guide to the expression of uncertainty in measurement	测量不确定度表示指南
HBCU	Historically Black Colleges and Universities	美国传统黑人院校
HF	Hickey-Frieden radiometer	HF 辐射计
IDMP	International Daylight Measurement Program	国际日光观测计划
IEA	International Energy Agency	国际能源署
IEA-SHC	International Energy Agency Solar Heating and Cooling Programme	国际能源署太阳能供热制冷委员会
IGMK	Institut für Geophysik und Meteorologie-Universität zu Köln	科隆大学地球物理和气象研究所
INPE	Instituto Nacional de Pesquisas Espaciais	巴西国家空间研究所
INSPIRE	Infrastructure for Spatial Information in the European Community	欧共体空间信息基础设施
IPC	International Pyrheliometer Comparison	国际直接辐射表对比
ISCCP	International Satellite Cloud Climatology Project	国际卫星云气候计划
ISIS	integrated surface irradiance study	地面辐射集成研究
ISO	International Organization for Standardization	国际标准化组织
ITOS	improved TIROS operational satellite	改进型 TIROS 业务卫星
JRC	Joint Research Council	欧盟委员会联合研究委员会
MBE	mean bias error	平均偏差
MCP	measure-correlate-predict	测量-相关-预测法
MESoR	Management and Exploitation of Solar Resource	太阳能资源知识管理与应用
METEONORM	commercial data product of Meteotest, Bern, Switzerland	瑞士伯尔尼 Meteotest 公司的商业数据产品

METSTAT	meteorological-statisical transfer model	气象统计传输模式
MFG	Meteosat First Generation	欧洲第一代静止气象卫星
MIDC	Measurement & Instrumentation Data Center	NREL 观测与仪器数据中心
MODIS	Moderate Resolution Imaging Spectroradiometer	中分辨率成像光谱辐射仪
MSG	Meteosat Second Generation	欧洲第二代静止气象卫星
MTSAT	Multi-functional Transport Satellite	日本气象厅多功能运输卫星
NASA	National Aeronautics and Space Administration	美国国家航空航天局
NCAR	National Center for Atmospheric Research	美国国家大气研究中心
NCDC	National Climatic Data Center	美国国家气候数据中心
NCEI	National Centers for Environmental Information	美国国家环境信息中心
NCEP	National Centers for Environmental Prediction	美国国家环境预报中心
NESDIS	National Environmental Satellite, Data, and Information Service	美国国家环境卫星、数据及信息服务中心
NIP	The Eppley Laboratory, Inc. Model Normal Incidence Pyrheliometer	美国 Eppley 实验室的直接辐射表
NIST	National Institute of Standards and Technology	美国国家标准与技术研究院
NIWA	National Institute of Water and Atmospheric Research	新西兰国家水文大气研究所
NM	nanometer	纳米，$1nm=1.0\times10^{-9}m$
NOAA	National Oceanic and Atmospheric Administration	美国国家海洋大气局
NREL	National Renewable Energy Laboratory	美国国家可再生能源实验室
NSF	National Science Foundation	美国国家科学基金会
NSIDC	National Snow and Ice Data Center	美国国家冰雪数据中心
NSRDB	National Solar Radiation Data Base	美国国家太阳辐射数据库
NWS	National Weather Service	美国国家气象局
PAR	Photosynthetically Active Radiation	光合有效辐射
PMOD	Physikalish-Meteorologisches Observatorium Davos	达沃斯物理气象观测站
POA	plane of array	方阵平面
POWER	Prediction of Worldwide Energy Resources	世界能源资源预测
PV	photovoltaics	光伏发电
PVGIS	photovoltaic geographical information system	光伏发电地理信息系统

PVPS	Photovoltaic Power System Programme	光伏电力系统委员会
QA	quality assurance	质量保证
R&D	research and development	研究与开发
RDA	research data archive	研究资料存档
RMSD	root mean square deviation	均方根值
RMSE	root mean square error	均方根误差
RRDC	Renewable Resource Data Center	可再生资源数据中心
Rs	responsivity	响应度
RSR	Rotating shadowband radiometer	旋转遮光带辐射计
RTNEPH	Real Time Nephanalysis	美国空军云分析系统
S	solar brsghtness 0. 0 degrees to 0. 3 degrees from the center of the solar disk	日面中心以外 0.0°~0.3°之间的太阳亮度
SAM	Solar Advisor Model	NREL SAM 软件
SDW	Solar Data Warehouse	太阳能数据仓库
SEMRTS	Solar Energy and Meteorological Research Training Sites	太阳能与气象研究培训基地
SEVIRI	Spinning Enhanced Visible and Infrared Imager	自旋增强可见光红外成像仪
SHC	Solar Heating & Cooling Programme	太阳能供热制冷委员会
SI	System International	国际单位制
SIP	State Implementation Plan	美国州实施计划
SIRS	Solar Infrared Station	太阳红外辐射测站
SKYRAD	Sky Radiometers on Stand for Downwelling Radiation	测量向下辐射的天空辐射计
SMOBA	stratospheric monitoring-group's ozone blended analysis	平流层臭氧观测混合分析
SOLEMI	solar energy mining	太阳能采集
SOLIS	Solar Irradiance Scheme	太阳辐照度方案
SOLMET	Solar and Meteorological hourly dataset	太阳能和气象逐时数据集
SPA	Solar Position Algorithm	NREL 太阳位置算法
SPP	Solar Power Prospector	NREL SPP 网站
SRB	surface radiation budget	地表辐射收支
SRRB	Solar Radiation Research Branch	太阳辐射研究分支
SRRL	Solar Radiation Research Laboratory	NREL 的太阳辐射研究实验室

SRTM	Shuttle Radar Topography Mission	航天飞机雷达地形测绘任务
SSE	surface meteorology and solar energy	地表气象与太阳能
SUNY	State University of New York	纽约州立大学
SURFRAD	Surface Radiation Network	地表辐射收支观测网
SWERA	solar and wind energy resource assessment	太阳能风能资源评估
SZA	solar zenith angle	太阳天顶角
TIROS	television and infrared observation satellite	泰罗斯卫星（电视及红外观测卫星）
TOA	top of atmosphere	大气层顶
TOMS	total ozone mapping spectrometer	臭氧总量测绘分光计
TOVS	TIROS Operational Vertical Sounder	TIROS 垂直探测器
TSI	total solar irradiance	太阳全辐照度
TMM	typical meteorological month	典型气象月
TMY	typical meteorological year	典型气象年
TMY2	typical meteorological year (Version 2)	典型气象年(第二版)
TMY3	typical meteorological year (Version 3)	典型气象年(第三版)
UIR	upwelling infrared radiation	向上红外辐射
UNEP	United Nations Environment Programme	联合国环境规划署
UPS	uninterruptible power supply	不间断电源
USGS	U. S. Geological Survey	美国地质调查局
USI	up shortwave irradiance	向上短波辐照度
UT	total uncertainty	总不确定度
UV	ultraviolet	紫外
VDC	volts of direct current	直流电压
VIRGO	Variability of Solar Irradiance and Gravity Oscillations	太阳辐照度变率和重力振荡实验
VMAP0	vector map level 0	0 级矢量地图
WCRP	World Climate Research Programme	世界气候研究计划
WMO	World Meteorological Organization	世界气象组织
WEST Associates	Western Energy Supply and Transmission Associates	西部能源供应与输送联盟
WRC	World Radiation Center	世界辐射中心
WRDC	World Radiation Data Centre	世界辐射数据中心
WRMC	World Radiation Monitoring Center	世界辐射监测中心
WRR	World Radiometric Reference	世界辐射测量基准

目　录

插图目录

表格目录

1　太阳能资源数据的重要性

太阳辐射是所有太阳能热发电站(Concentrating Solar Power,CSP)的能量来源,相当于火电厂的燃料。为了准确分析一个项目的系统性能和财务可行性,了解燃料的质量及未来可靠性至关重要,这对所有的电力能源都是一样的。对 CSP 来说,太阳辐射的变率可能是产能预测中最大的不确定因素。太阳能资源数据和资源模拟在一个 CSP 项目的生命周期内有三个作用,分别是:

(1)选址;

(2)年度产能预测;

(3)评估电站性能,制定运营策略。

前两项是相关的。选址受很多因素影响,首要因素是良好的太阳能资源。为了对比候选场址并估算电站产能,用于选址的太阳能资源数据应具有年度代表性。由于选址往往基于太阳能资源历史数据,并且和天气类型的年际变化有关,因此,使用多年累积数据较为合理。典型气象年(typical meteorological year,TMY)数据集的界定具有重要意义,这部分内容将在第5章介绍。TMY 数据可用于不同场址间的资源量对比,以及拟建项目的产能估算。如果有个别年份的数据,那么这些数据对评估年度变率也是很有帮助的。

开发面向区域资源评价的 TMY 数据,需要依赖卫星模式。在区域层面上,识别太阳能资源富集地带相对简单。例如,美国西南部大片地区拥有丰富的太阳能资源。不过,一旦面积缩小到几平方千米范围时,就需要考虑局地影响了。卫星数据虽然在区域资源制图中的作用很大,但是具体到某一项目时,还应布设地面气象站。现场观测可以与同一天的卫星数据作比较,以检查卫星模式的偏差。然后将模式校正应用于历史数据集。

电站建成后,需要用资源数据进行验收测试。电站业主和投资者会检验电站产能与设计规格是否相符。这种验收测试通常会持续一段时间,可能是几天。不过,业主会用外推的方式估算年度产能。如果有地面观测资料,那么可以将地面资料和卫星反演资料结合使用,以增加产能估算的可信度。TMY 数据集是用多年卫星数据生成的,因此,对卫星数据作偏差校正,可以提高 TMY 数据集的准确度。

电站在服务期内的高效运营离不开准确的资源数据。太阳辐射资源影响一个电站的产能,产能对比是检验项目性能的一个全局性指标。项目整体效率的下降,意味着一个或多个部件的老化,表明这些部件需要维护。此外,资源预报对电网调度变得越来越重要,特别是有大规模太阳能接入的电网,准确的预报可以通过优化调度提高电站的盈利水平。虽然本手册没有涉及资源预报的内容,但是预报的使用应当和这里所介绍的历史资源评估遵循同样的原则,即合理使用卫星和地面数据源,以及相应的计算模式。

2 太阳辐射基本概念

2.1 简介

无论使用什么手册,阐述概念和统一术语都是非常重要的。本章主要内容是太阳辐射的基本概念和关键特性,为了便于理解,文中将使用标准术语进行介绍。

本章从介绍太阳开始,先讲地球轨道和大气对太阳辐射的影响。然后,简要介绍太阳辐射的测量和模拟,更详细的内容将在第3章和第4章介绍。最后,讨论测量和模拟数据中的不确定度问题。

2.2 地外太阳辐射

任何温度高于绝对零度的物体都会发射辐射。太阳的有效温度约为6000K,所产生的辐射波长覆盖范围广,根据能量和波长可以分为 γ 射线、X射线、紫外线、可见光、红外线和无线电波(图2-1)。太阳辐射能量的97%集中在290~3000nm。许多文献中提到的宽带太阳辐射,就是指这个光谱范围。

在继续讨论太阳辐射之前,有必要了解一些基本的辐射术语。表2-1中总结了本手册中所用的辐射能、通量、功率和其他概念及术语。

表 2-1 辐射基本术语和单位

物理量	符号	国际单位制单位	单位符号	说明
辐射能	Q	焦耳	J	能量
辐射通量	φ	瓦特	W	单位时间内通过某一截面的辐射能,又称辐射功率
辐射强度	I	瓦特/球面度	W/sr	点源在某方向单位立体角内传送的功率
辐射出射度	M	瓦特/平方米	W/m²	辐射源表面单位面积上发射出的辐射功率
辐亮度	L	瓦特/(球面度·平方米)	W/(sr·m²)	单位投影面积、单位立体角上的辐射功率
辐照度	E, I	瓦特/平方米	W/m²	单位面积上的入射辐射功率
光谱辐照度	E_λ	(瓦特/平方米)/纳米	(W/m²)/nm	单位波长间隔内的入射辐照度

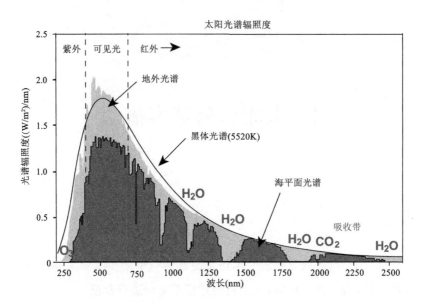

图 2-1　大气对到达地面的太阳辐射及其光谱分布的影响(见彩图)

(图片来源:NREL,Stoffel,2000)

太阳的总辐射功率非常稳定,它的输出功率即辐射出射度通常被称为太阳常数。为了描述时间变率,现在公认的术语是太阳全辐照度(total solar irradiance,TSI)。太阳黑子是太阳上温度相对较低、看上去较暗的区域,它的数量变化存在周期性,一般约为 11a。

图 2-2 是 1975—2009 年的 TSI,由空间观测资料融合而成,并归一化到 1 个天文单位(astronomical unit,AU)。从图中可以看出,1975 年以来有三个太阳黑子周期,每个周期约为 11a(De Toma et al. , 2004)。

太阳黑子活动造成的 TSI 变化范围约为 ±0.2%,与目前空间探测所用的最好的辐射计相比,前者仅仅是其精密度[①]的两倍。不过,受太阳活动影响,一些光谱区也存在较大的变率,特别是紫外波段(波长小于 400nm)。

到达地球的太阳辐射量和日地间的距离有关。地球绕日公转的轨道是椭圆形的(偏心率为 0.0167),每年 1 月份地球离太阳最近,7 月份离太阳最远。这种年内变化导致地表太阳辐照度存在约 ±3% 的变化。日地平均距离为 149 598 106km(92 955 953mile),也叫 1 个天文单位(AU)。由于地球存在 23.5° 的倾角,地球绕日公转过程中,到达北半球的太阳辐射会发生周期性的变化,进而产生季节变化(图 2-3)。大气层顶(top of atmosphere,TOA)的入射太阳辐照度称作地外太阳辐射(extraterrestrial solar radiation,ETR),它是大气层顶单位面积上接收到的太阳辐射功率或大气层顶接收到的太阳辐射通量密度,单位是瓦特每平方米(W/m^2)。ETR 随日地距离(r)和年平均距离(r_0)而变化(公式(2-1)):

---

① 精密度,是指测量重复性,而不是指约为 ±0.5% 的绝对总准确度。

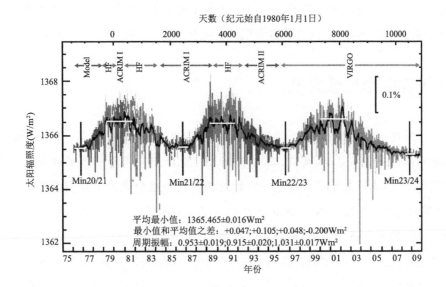

图 2-2 三个太阳周期内的 TSI 变化(见彩图)

(图中彩色曲线是多源卫星融合资料,黑色曲线是世界辐射中心(WRC)的模拟结果)

(www. pmodwrc. ch/pmod. php? topic＝tsi/composite/SolarConstant)

(达沃斯物理气象观测站/世界辐射中心 PMOD/WRC 授权使用)

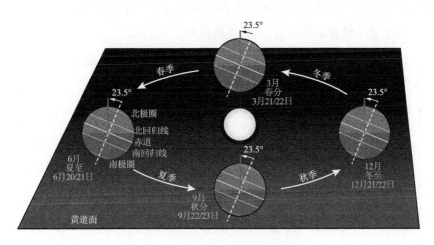

图 2-3 地球轨道示意图(见彩图)

(图片来源:维基百科)

$$ETR = TSI \cdot (r_0/r)^2 \tag{2-1}$$

经过 30 多年的连续观测,目前用卫星资料确定的 1 个天文单位处的 TSI 约为(1366 ± 7) W/m²。日地距离的变化会造成 ETR 的变化,用 NREL 太阳位置软件等天文算法得到的 ETR 变化在 1415W/m²(大约出现在 1 月 3 日)到 1321W/m²(大约出现在 7 月 4 日)之间。

从地球上观察太阳,太阳是一个角直径为 0.5°的明亮圆盘。这好比地球上的一点在太阳半球上截取了一个光锥,圆锥顶角为 0.5°,圆盘中心向外的发散角(即半圆锥顶角)等于 0.25°。由于发散角很小,一般认为来自太阳的光线是平行的,称为太阳光束或法向直接辐射。

2.3　太阳辐射与地球大气

　　地球大气好比一个滤波器,由于地球大气的存在,地外太阳辐射 ETR 在到达地表前,会经历一系列的衰减。图 2-1 中,臭氧、氧气、水汽和二氧化碳对太阳辐射的吸收就是一个典型的例子。要到达地表,太阳光子必须穿越一定量值的大气。这个量值由观测者和太阳的相对位置决定,也叫大气路径长度或大气质量(air mass,AM)(图 2-4)。按照惯例,太阳垂直照射海平面某处时经历的大气路径长度,称为大气质量 1(air mass 1,AM1)。

　　大气质量在几何学上与太阳天顶角(solar zenith angle,SZA)有关,前者等于后者的正割或者后者余弦的倒数,即 $AM=\sec(SZA)$ 或 $1/\cos(SZA)$。另外,SZA 和太阳高度角互为余角,因此,大气质量也等于太阳高度角正弦的倒数,即 $AM=1/\sin(90°-SZA)$。当 SZA 达到 60°时,大气路径长度是 $AM1$ 的两倍,此时的大气质量是大气质量 2($AM2$)。云、风暴等天气系统,可以极大地影响到达地表或者太阳能收集器的太阳辐射。晴朗的大气同样含有气体分子、尘埃、悬浮颗粒和微粒等成分。在地外太阳辐射穿越大气时,这些成分会通过吸收(捕捉辐射)和散射(本质上是一种复杂的反射)对其进行削弱。

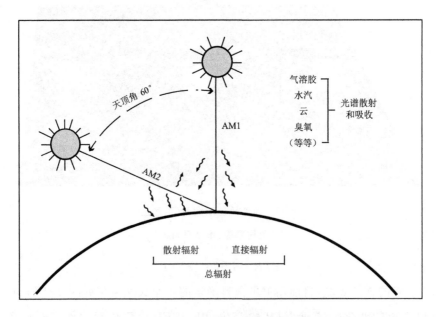

图 2-4　太阳直射光子被大气散射所产生的散射辐射随大气质量的变化

(图片来源:NREL,Marion et al.,1992)

　　大气的吸收削弱了到达地表的 DNI,被吸收的那部分辐射转换为热量,进而引起了温度的升高。大气路径越长,被吸收的辐射就越多。大气散射可以重新分配观测者上方天穹内的辐射,这包含被反射回太空的那部分辐射。随着大气路径的增加,散射的概率会变大,太阳辐射在几何空间的再分配也会增强。

达到地面的部分辐射会被反射回大气。反射辐射和散射辐射的几何参数与通量密度由地面反射比、地面物理属性和大气成分决定。

对于从事太阳辐射通量观测和模拟的人员来说,研究大气成分的属性、探测方法及其对不同层高(包含地面)太阳辐射的影响,是十分重要的(见第 3 章和第 4 章)。

2.4　地球和太阳的相对运动

大气顶太阳辐射是太阳全辐照度和日地距离的函数。上一节中,曾简单介绍过地球绕日公转的椭圆形轨道。如图 2-3 所示,地轴连接地球南北两极,地球绕地轴自转,地轴与地球轨道平面(黄道面)之间存在约 23.5°的倾角。倾角的存在使一年中到达地球的太阳辐射量不断变化,进而导致了气候和天气现象的产生。同时,由于地轴是倾斜的,一年中太阳的轨迹每天也在发生变化。

在北半球极圈以北的地区,冬季正午时分太阳位置较低,接近地平线,而夏季位置较高。由于日出和日落分别位于东北和西北方向,夏季较长。冬季时,日出和日落方向分别位于东南和西南,因此季节较短。南半球的情况与此相反。这些变化引起了特定地点太阳天空视轨迹的变化。图 2-5 以美国科罗拉多州丹佛市为例展示了这种太阳几何位置的变化(计算程序源自俄勒冈大学:http://solardat.uoregon.edu/SunChartProgram.php)。太阳几何学至关重要,是太阳辐射分析和模拟中必须考虑的因素。太阳几何参数的求解可以借助太阳位置计算方法,如 NREL 的 SPA 算法(solar position algorithm,SPA)(www.nrel.gov/rredc/models_tools.html)。

2.5　太阳能资源:辐射分量

辐射可以被介质透射、吸收或散射。透射、吸收和散射的多少由波长决定(图 2-1)。地球大气与太阳辐射间的复杂相互作用,产生了三种基本辐射分量:

(1)法向直接辐射(direct normal irradiance,DNI)——来自日面的太阳(光束)辐射(为 CSP 所关注);

(2)水平面散射辐射(diffuse horizontal irradiance,DHI)——来自天穹的散射太阳辐射(不含 DNI);

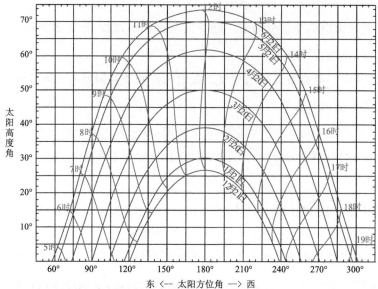

俄勒冈大学太阳辐射监测实验室(University of Oregon Solar Radiation Monitoring Laboratory)
项目资助:俄勒冈能源信任组织(Energy Trust of Oregon)
纬度:40° 经度:105° 时区：-7 科罗拉多州丹佛市

图 2-5 北半球某地一年中太阳的视路径变化(见彩图)

（图片来源:NREL，Stoffel,2000）

（3）水平面总辐射(global horizontal irradiance,GHI)——DNI 和 DHI 的几何和(半球向总辐照度)。

这些基本太阳辐射分量辐照度之间的关系满足以下方程：

$$GHI = DNI \times \cos(SZA) + DHI \tag{2-2}$$

这些辐射分量如图 2-6 所示。

2.5.1 法向直接辐射

世界气象组织(World Meteorological Organization,WMO)对法向直接辐射的定义是：由视场(field of view,FOV)角约为 5°的直接辐射表测定的,来自太阳及其周围一狭窄环面的辐射。在不考虑大气散射的情况下,日面直径的视场角约为 0.5°。因此,法向直接辐射不仅包括来自日面的辐射,还包括日面附近的前向散射辐射,也叫环日辐射(circumsolar radiation)。其中,散射部分变化较大,主要和观测时刻的大气成分有关。这种变化可以用环日望远镜观测到,图 2-7 就是无云条件下的一个例子(Grether et al. ,1975)。图中共有五条 *DNI* 瞬时记录,全部来自加利福尼亚州巴斯托和佐治亚州亚特兰大两个观测点,纵轴代表相对辐亮度,横轴代表日面中心角。为了便于比较,图中特别指出了两种常用直接辐射表的视场角,分别是腔体辐射表和 NIP 直接辐射表。其中,腔体辐射表是一种电子自校准仪器,专门用于其他设备的测

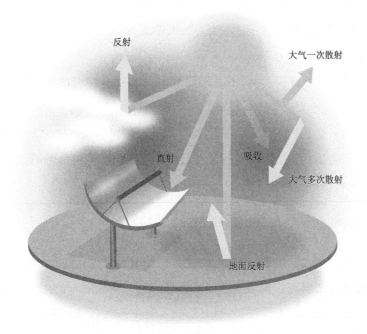

图 2-6 太阳辐射与大气相互作用产生的分量(见彩图)

(图片来源:NREL,AlHicks)

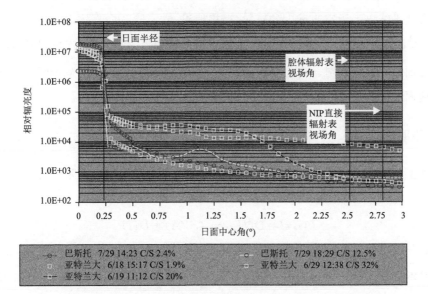

图 2-7 环日望远镜观测资料(见彩图)

(地点:加利福尼亚州巴斯托和佐治亚州亚特兰大,时间:约 1977 年)

(图片来源:NREL,Daryl Myers)

量标定,NIP 直接辐射表是一种测量 DNI 的野外观测仪器(详情见第 3 章)。图中的 C/S 是计算得到的,其中 C 是日面中心向外 $0.3°\sim3.2°$ 的辐射,S 是日面中心向外 $0.0°\sim0.3°$ 的辐射。$C/(C+S)$ 称为环日辐射比,其变化范围在百分之几到百分之几十之间。更多有关环日辐射的信息可以参考 http://rredc.nrel.gov/solar/old_data/circumsolar/和 Major(1994)。近年来,随着 CSP 工业的兴起,与环日辐射量,或太阳形状(Sunshape)有关的研究再次引起了人们的关注。

　　部分法向直接辐射会被地表和当地云层反射。反射辐射的大小和方向由地表光学特性决定。有些辐射向上反射后,再次被大气散射和反射,从而导致地面散射或天空辐照度略有增加,这些将在下节中讨论。

2.5.2　水平面散射辐射

　　在没有云的情况下,大部分的法向直接辐射可以穿越大气到达地面,只有一部分被吸收和散射。被散射的那部分法向直接辐射由于偏离了原来的光束方向,会在大气中发生多向反射,进而使天空变得明亮。Rayleigh(1871)、Mie(1908)和 Young(1981)先后提出了大气散射理论,并解释了天空为什么是蓝色的(蓝光波长较短,波长越短,散射越强)、日出时日面为什么是黄色的,以及日落时日面为什么是红色的等现象(日出和日落时,阳光穿越的大气层变厚,散射效应增强,大部分蓝光被散射,只剩下长波部分,因此,日面是黄色或者红色的)。水平面散射辐射是来自地平线以上天空半球内的辐射,严格地讲,它是除法向直接辐射以外来自天穹的全部辐射,这其中包括被云(有云时)反射或散射的那部分辐射,以及被地面反射后再次被大气或云反射回地面的那部分辐射。由于光子与大气之间的相互作用非常复杂,云又在不断变化,加上复杂的地面光学特性,散射辐射很难用建模的方式来描述。

2.5.3　水平面总辐射

　　水平面上的半球总辐照度等于法向直接辐照度乘以太阳天顶角余弦后与水平面散射辐照度之和,即:

$$GHI=DNI\times\cos(SZA)+DHI \tag{2-3}$$

式中,SZA 为太阳天顶角,可以通过测量日期和时间计算出来。

　　这个基本方程式是设计太阳辐射测量系统、评估数据质量和模拟大气辐射传输的基础。

2.5.4　太阳辐射分量转换

　　不同太阳能系统可利用的太阳辐射分量不同,获取指定系统所需的水平面总辐照度、法向直接辐照度、水平面散射辐照度及其组合是评估设计标准和系统性能的第一步。带有聚光元件的太阳能系统只利用法向直接辐射。通过陷光技术,低倍聚光系统还可以利用一部分水平面散射辐照度。对于平板集热器,无论固定与否,均可以利用全部辐射分量。观测或模拟的太阳辐射数据中,水平面总辐照度是最常见的。因此,在只有总辐射的情况下,为了估算其他辐射分量,经常要用到相应的转换模式(Perez et al. ,1987)。学术界做了大量评估验证转换算法的工作,许多成果经过同行评审后,已经发表在相关期刊和书面报告上。估算太阳辐射的新模式还在不断出现,相应的模式评估工作也在陆续开展(Badescu,2008)。在接下来的章节中,将讨论一些经典的例子。

转换模式的输入非常严格,要具体到地点和时段,还要有该时段内的水平面总辐照度。下面介绍一个准物理模式。Maxwell DISC 模式及其衍生模式 DIRINT(Perez et al. ,1990)是一种可以用 GHI 估算 DNI 的经验模式。在这个转换模式中,所采用的晴空指数或大气水平面总透射率 K_t 和大气法向直接透射率 K_n 之间(Liu et al. ,1960)分别表示如下:

$$K_t = GHI/[TSI \cdot (r_0/r)^2 \cdot \cos(SZA)] \tag{2-4}$$

$$K_n = DNI/[TSI \cdot (r_0/r)^2] \tag{2-5}$$

式中,TSI 是太阳全辐照度(平均 TSI,约 $1366.7W/m^2 \pm 7W/m^2$);r_0 是日地平均距离(149598km);r 是特定时间的日地距离;SZA 是特定时间的太阳天顶角。该模式有以下特点:

(1)这个物理模式可以用来计算大气法向直接透射率的晴空极限值。

(2)一个 AM 指数函数可以根据大气成分计算晴空透射率的偏差,该指数函数在形式上和计算能量传输或传播损耗的物理方程类似。

(3)计算 K_n 和其他法向直接系数的方程,相对于 K_t 和 AM 是持续变化的,这样可以重现法向直接辐照度和水平面总辐照度之间关系的月际变化。

模式中用于晴空透射率计算的系数,是对亚特兰大地区 DNI 和 GHI 实测资料进行回归分析后得到的,因此,该模式并非严格的物理算法。另外,模式推导过程中使用的资料是逐小时平均值,所用观测仪器均属于热电堆型辐射表。所以,该模式在应用于高分辨率(如亚小时分辨率)资料时,或者资料来自固态(光电二极管)辐射表时(由于光谱效应,无法感应整个太阳光谱),模式会存在适用性问题,该问题如何解决还在研究之中(Maxwell,1987)。

在晴朗或部分有云的条件下,DHI 通常只占 GHI 中很小的一部分(<30%)。在阴天条件下,DHI 和 GHI 可以一样大。当没有 DHI 实测资料时,为了用 GHI 估算 DNI,往往需要先估算 DHI(如利用 DISC 模式)。基于 GHI 和 DHI 经验关系的转换模式有很多。例如,Liu 和 Jordan(1960)开发的一款模式,可以估算月平均逐时散射辐射。Erbs et al. (1982)、Orgill et al. (1977)、Iqbal(1983)、Spencer(1982)和其他学者开发的诸多算法,可以估算逐时 DHI。这些算法基本都用到了总辐射晴空指数 K_t 与散射辐射晴空指数 K_d 之间的相关性,即公式(2-4)及下式:

$$K_d = DHI / [TSI \cdot (r_0/r)^2 \cdot \cos(SZA)] \tag{2-6}$$

2.6　太阳辐射模拟数据集

如上所述,长期实测数据集非常稀有,不同数据集之间观测时长各不相同,可获取性也有不同,能提供高精度分钟级实测资料的观测站网和台站就更少了。目前,很多农业研究站可以提供太阳辐射资料,不过数据质量参差不齐。为了正确使用这一类资料,应对数据质量进行仔细评估,并与其他数据源(如估算或模拟数据)进行对比。现在有多种太阳辐射模拟数据集,大部分是 GHI,少数也有 DNI 和 DHI。例如,美国国家太阳辐射数据库(National Solar Radiation Data Base,NSRDB)、瑞士 Meteotest 公司的 METEONORM 数据集、欧洲太阳辐射图集(European Solar Radiation Atlas,ESRA)、NASA 地表气象与太阳能(Surface Meteorology and Solar Energy,SSE)数据集以及欧洲的 SoDa 数据集(这些数据集和其他数据源的详细介绍,请参阅第 5 章)。

典型气象年(typical meteorological yerar,TMY)数据是一种应用很广的模拟数据集。设计典型气象年数据集最初是为了简化建筑供热制冷中的负荷计算。一个典型气象年包含一年 8760 个小时的数据,由 12 个典型气象月(typical meteorological month,TMM)数据连接而成。TMM 数据的频率分布特征与该月数据的长期分布特征相似。TMM 一般包含太阳辐射和其他几种气象参数。因此,典型气象年数据中的参数平均值会接近(但不等于)其代表的长期平均值。通常,典型气象年不包含极值。有代表性的月份可以来自不同年份,经过拼接后成为连续一年的时间序列。这些数据集主要用于评价不同太阳能转换系统的设计性能,但是不能用于性能优化。很多软件在预测一个太阳能系统的典型性能时,都是利用典型气象年数据。

2.7　太阳辐射测量和模式估算的不确定度

在所有测量学科中,太阳辐射测量的不确定度是最大的。除了模式本身的准确度外,用实测资料推导出的经验模式以及对任何模式的验证,都无法避免测量本身的不确定度。

太阳辐射模式以物理原理为基础,其整体准确度不可能比实测资料的不确定度更高。测量不确定度分析已经被包括国际计量局(Bureau International des Poids et Mesures,BIPM)在内的多个组织标准化,并被国际标准化组织(International Standards Organization,ISO)写入了《测量不确定度表示指南》(Guide to the Expression of Uncertainty in Measurement,GUM)(BIPM,1995)。

2.7.1 太阳辐射测量的不确定度

测量的不确定度最早是指校准基准、校准流程和传感器设计特征的不确定度。校准因子的不确定度还要考虑测量仪器、安装方法、数据采集及运维过程中的不确定度影响(图 2-8)(详情参阅第 4 章)。

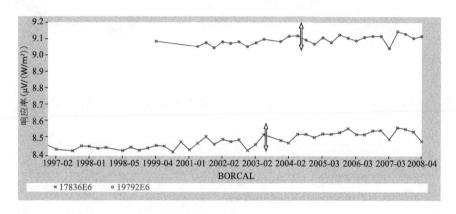

图 2-8　两个直接辐射表 12 年间的校准历史记录(见彩图)

(图片来源:NREL,Daryl Myers)

(1)校准基准和法向直接辐射的不确定度

国际上认可的具有计量溯源性的国际单位制(System Internationale,SI)辐射测量基准,叫作世界辐射测量基准(World Radiometric Reference,WRR)。这个国际公认的测量基准是一个探测器标准,由一组带电子自校准功能的绝对腔体辐射表组成,保存在瑞士达沃斯物理气象观测站(Physikalish-Meteorologisches Observatorium Davos,PMOD)下设的世界辐射中心(World Radiation Center,WRC)内(见第 3 章)。目前,WRR 的固有不确定度为±0.30%。开展辐射测量的国家和机构的标准一般由标准腔体辐射表组成,这些辐射标准会在国际直接辐射表对比(International Pyrheliometer Comparison,IPC)期间与 WRR 进行比对。IPC 由WRC 举办,每 5 年召开一次。在 WRR 向国家标准量值传递的过程中,测量不确定度会增大到±0.45%。每年用绝对腔体辐射表校准野外测量用的直接辐射表时,国家标准量值在传递后的绝对不确定度为±1.0%(包含于校准因子中)。这种变化主要源自环境对野外仪器性能的影响。市场上各种直接辐射表的校准稳定性基本一致,年响应度(responsivity,Rs)变化通常在 1%以下(见图 2-8)。图 2-9 显示的是观测用直接辐射表与绝对腔体辐射表在晴空下的对比结果。当仪器部署到现场后,很多因素都会增加测量的不确定度,如太阳跟踪系统的准确度、数据采集器的准确度、窗口的清洁程度和再校准的频率等。即使是精心部署并维护的高品质测站(详情见第 3 章),其测量的法向直接辐射不确定度通常也在±2.0%~±2.5%,甚至更高。

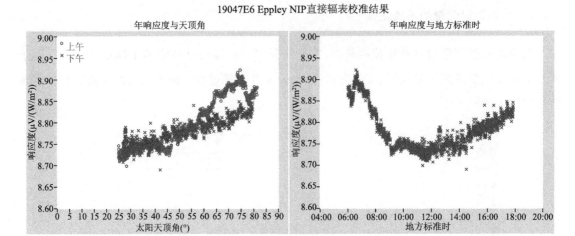

图 2-9　直接辐射表校准结果：Rs 随太阳天顶角变化（左），Rs 随地方标准时变化（右）（见彩图）

（图片来源：NREL，Daryl Myers）

（2）总辐射表校准和水平面总辐照度测量中的不确定度

水平面总辐照度和水平面散射辐照度一般用总辐射表来测量，WRR 也是总辐射表校准所用的基准。总辐射表在物理上假设它的半球形探测器只能响应法向直接辐射的垂直分量 DNI_{Vertical}，这个分量和测量时刻的太阳天顶角（SZA）有关：

$$DNI_{\text{Vertical}} = DNI \cdot \cos(SZA) \tag{2-7}$$

对于法向直接辐射的水平分量（$DNI_{\text{Horizontal}}$），总辐射表没有响应：

$$DNI_{\text{Horizontal}} = DNI \cdot \sin(SZA) \tag{2-8}$$

根据 2.5 节中所述的 GHI，DNI，DHI 和 SZA 的关系：

$$GHI = DNI \cdot \cos(SZA) + DHI \tag{2-9}$$

可以据此计算出 DNI 的值：

$$DNI = (GHI - DNI)/\cos(SZA) \tag{2-10}$$

GHI 和 DHI 分别由不带遮光装置和带遮光装置的总辐射表测得（见第 3 章）。因此，可以用上述关系校准单个总辐射表。

在晴朗的白天，将总辐射表遮光和不遮光下测得的信号（V_{shade} 和 V_{unshade}）之差与 DNI 测量基准值进行对比，可以求得该总辐射表的响应度 Rs，单位为 $\text{V}/(\text{W/m}^2)$：

$$Rs = [(V_{\text{unshade}} - V_{\text{shade}})/\cos(SZA)]/DNI \tag{2-11}$$

这个方法叫做遮光/不遮光校准技术，该技术的详细介绍可以参考 Reda 等（2003）。

此外,总辐射表还可以通过辐射分量求和的形式来校准。首先,用标准直接辐射表测得 DNI,然后用带遮光装置的总辐射表测得 DHI(这个总辐射表用前面讲过的遮光/不遮光技术进行校准),之后将两个分量相加求得标准 GHI,最后用标准 GHI 校对总辐射表。待校准的总辐射表,其响应度 Rs 可以用不遮光信号($V_{unshade}$)求得,单位为 $V/(W/m^2)$:

$$Rs=V_{unshade}/[DNI \cdot \cos(SZA)+DHI] \tag{2-12}$$

这种计算响应度 Rs 的方式称为分量求和校准技术。

以上两种校准技术的现场应用证明,总辐射表对辐射的响应在设计上具有非朗伯性或非理想特性,这种响应可以表示为太阳天顶角(或入射角)的函数。作为太阳天顶角的函数,响应度 Rs 间的这种差异如同每一部(而非某种类型)总辐射表的"指纹"或"签名"。图 2-10 显示,相对于太阳正午,总辐射表响应度 Rs 的变化有时具有对称性,有时会发生较大偏离,这一系列变化和总辐射表探测器的机械校直、探测器表面结构以及探测器上吸收材料的属性都有关系。

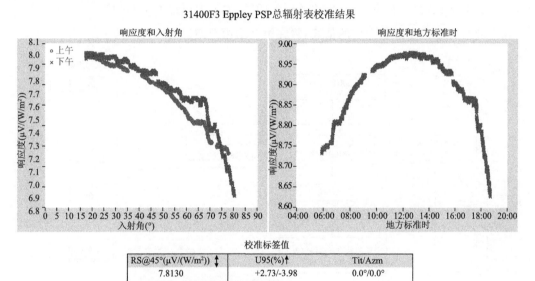

图 2-10 总辐射表校准结果:Rs 随太阳天顶角变化(左),Rs 随地方标准时变化(右)(见彩图)
(图片来源:NREL,Daryl Myers)

太阳天顶角变化不大时($\pm2°\sim\pm5°$),与 WRR 基准腔体辐射表相比,所有传感器的校准不确定度约为 0.5%。当太阳天顶角变化较大时($0°\sim85°$),响应度 Rs 的变化范围在 $\pm3\%\sim\pm10\%$,甚至更多,相当于天顶角小幅变化时的 $10\sim20$ 倍。这些变化要和测量现场的其他影响结合在一起考虑,比如影响 DNI 测量不确定度估算的一系列因素,包括总辐射表的安装、数据采集器的准确度和仪器的清洁程度等。

中午时段太阳天顶角较小,太阳辐射较强,而早上和下午的情况与此相反,太阳辐射较弱,因此,由天顶角引起的不确定度往往发生在早上和下午。由于太阳高度角最大值(即天顶角最小值)随季节变化,因此,总辐射数据的不确定度也会随之变化。

即使在测量条件良好的中午,由于测量不确定度存在季节变化,总辐射测量的不确定度通常也是直接辐射测量的 2～3 倍,年变率为 ±4%～±5%。更精密的仪器和更科学的校准可以有效地改善(降低)水平面总辐照度测量中的不确定度。还有一种方法,就是用高质量的法向直接辐照度和水平面散射辐照度测量间接求解水平面总辐照度(水平面散射辐照度的测量需要使用遮光盘或者遮光球)。这样得到的水平面总辐照度,其测量不确定度接近晴空下的法向直接辐射测量不确定度(约 ±2%)。

图 2-11 展示了直接辐射表和总辐射表校准的溯源性,以及从校准到现场部署这一过程中测量不确定度的累积。其中,宽箭头框表示每个阶段累积的不确定度。从图中可以看出,最终部署到现场的直接辐射表其不确定度为 ±2.0%,而部署到现场的总辐射表其不确定度分别为 ±3.0%(太阳天顶角在 30°～60°)和 ±7%～±10%(太阳天顶角大于 60°)。

法向直接辐射测量不确定度的估算,将在第 3 章中介绍。

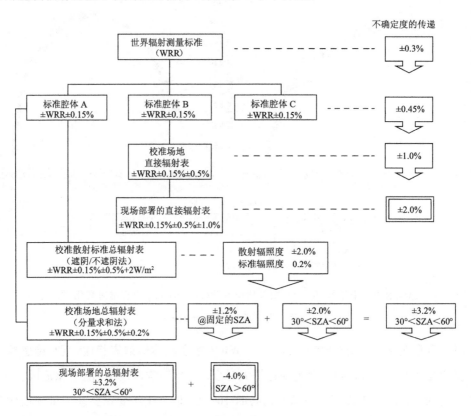

图 2-11　直接辐射表和总辐射表校准的溯源性及整个过程中测量不确定度的累积

(图片来源:NREL,Daryl Myers)

2.7.2　太阳辐射模式估算的不确定度

经验模式是根据实测数据相关参数之间的相关性推导出来的。因此,经验模式的准确度中带有实测数据的测量不确定度。如果一个模式用测量准确度为2%、5%或10%的数据推导而来,那么这个模式的准确度不可能比这些观测数据更高。通常,模式拟合曲线外的观测样本越离散,模式不确定度中的随机成分就越多。同样,用物理和辐射传输原理建立的模式经过验证后,其准确度也不可能比观测数据的准确度更高。如果没有开展过全面的不确定度分析,那么不要轻易断言一个模式或者观测资料拥有很高的准确度(Gueymard 和 Myers,2009)。

2.8　太阳能资源的时空变率

前面讲过,地外太阳辐射的变化受太阳黑子周期(变化范围小于±0.2%)和日地距离年变化(变化范围为±3%)的影响,与两者之间存在函数关系。其实,这些影响都是次要的。对地表太阳能资源影响最大的因素是大气、天气、气候和地理。在热带以外的地区,太阳辐射的年变化是有规律的,通常夏季较高,冬季较低。与此类似,太阳辐射还有年与年之间的变化,称作年际变率。在量化这个变率时,可以利用变异系数(coefficient of variation,COV)这个指标,它等于标准差与平均值的比值。美国地区的 GHI 和 DNI 时空分布研究显示,GHI 的年际变率为8%~10%,基本相当于 DNI 年际变率的一半或者不到一半。DNI 的年际变率在66%的置信区间内可以达到15%,甚至更高(Wilcox 和 Gueymard,2010)。

COV 是衡量变率的一个常用指标,它是原始数据(如多个年份的年均值)标准差与原始数据平均值之比。研究显示,受气候稳定性影响,多年平均 DNI 的 COV 可以接近10%。例如,NSRDB 每日统计文件显示,加利福尼亚州达盖特 DNI 的 COV 为6.2%。多年平均 GHI 的年际 COV 一般为5%。由于 COV 以标准差为基础,在数值上它通常只是样本数据值域的三分之一。

在美国,辐射资源在不同年份的相同月份会有差异,这种差异通常是冬季较大,夏季较小。此外,天气变化、自然灾害(如森林火灾、火山喷发和来自干旱地区的沙尘暴)以及农业活动也会影响辐射资源的年际变化。图2-12是加利福尼亚州达盖特地区 DNI 日总量的30年月平均值与卫星资料的对比情况。其中,30年月平均值来自 NSRDB 数据库(1961—1990年),在图中分别表示为平均值、最大值和最小值三条曲线,而卫星资料有八条曲线,分别代表1998—2005年间每一年的数据。如果天气类型多变,那么辐射资源的变化也会相应地增大,反之,情况则相反。

太阳能资源的空间变化也是大家非常关注的问题,尤其是当地无实测数据,而相邻测站有实测数据的情况下。当遇到山地、地形起伏的城市和农村下垫面时,在微气候的影响下,太阳能资源的空间变率会增大。实测和模拟数据间的相关性分析结果表明,随着站点间距的增大

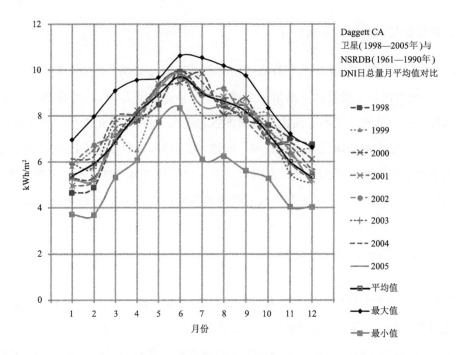

图 2-12　1961—2005 年间加利福尼亚州达盖特 DNI 日总量月平均值

（kWh/m²）的年际变率（数据源自 NSRDB）（见彩图）

（图片来源：NREL，Steve Wilcox）

和数据时间分辨率的提高（逐 15min 数据比逐时数据的分辨率更高），相关性会变小。威斯康星州 17 个站点的研究结果表明，当台站间距由 5km 增加到 60km 时，逐时数据间的相关性由 0.995 降至 0.97。当台站间距达到 100km 以上时，逐 15min 数据间的相关性则从 0.98 跌至 0.75 以下（见第 6 章）。

　　盛行风和云的运动，也能影响地面太阳辐射的时空变率，作用距离从几千米至几百千米不等。在俄克拉荷马州开展的太阳能加密观测研究表明，受研究台站之间地理方位（位于正东、正西、西北方等）的影响，数据间的相关性可以从 0.95 或更高的水平（台站相邻）下降至 0.45 以下（台站相距 300km 以上）。针对这方面的分析，Barnett 等（1998）在其研究成果中给出了相关图。如果要通过站点插值的方式估算太阳能资源，操作一定要谨慎。另外，数据采样周期、地理条件、地形特征、天气类型和台站间距也很重要，需要仔细分析。

参考文献

Badescu V，2008. Modeling Solar Radiation at the Earth's Surface[M]. Berlin：Springer.

Barnett T P，Ritchie J，Foat J，Stokes G，1998. On the Space-Time Scales of the Surface Solar Radiation Field [J]. Journal of Climate，11：88-96.

BIPM，1995. Guide to the Expression of Uncertainty in Measurement[R]. Comité International des Poids et

Mesures. www. bipm. org/utils/common/documents/jcgm/JCGM_100_2008_E. pdf.

De Toma G, White O R, Chapman G A, Walton S R, 2004. Solar Irradiance Variability: Progress in Measurement and Empirical Analysis[J]. Advances in Space Research, 34:237-242.

Erbs D G, Klein SA, Duffie J A, 1982. Estimation of the Diffuse Radiation Fraction for Hourly, Daily, and Monthly Average Solar Radiation[J]. Solar Energy, 28(4):293-304.

Grether D, Nelson J, Wahlig M, 1975. Measurement of Circumsolar Radiation[C]. Proceedings of the Society of Photo-Optical Instrumentation Engineers. Solar Energy Utilization, 68: SPIE, Bellingham, WA.

Gueymard C, 2009. Direct and Indirect Uncertainties in the Prediction of Tilted Irradiance for Solar Engineering Applications[J]. Solar Energy, 83:432-444.

Iqbal M, 1983. An Introduction to Solar Radiation[M]. New York: Academic Press.

Liu B Y H, Jordan R C, 1960. The Interrelationship and Characteristic Distribution of Direct Diffuse and Total Solar Radiation[J]. Solar Energy, 3:1-19.

Major G, 1994. Circumsolar Correction for Pyrheliometers and Diffusometers[R]. WMO-TD 635, World Meteorological Organization, Geneva.

Marion W, Riordan C, Renné D, 1992. Shining On: A Primer on Solar Radiation Data[R]. NREL/ TP-463-4856. Golden, CO: National Renewable Energy Laboratory.

Maxwell E, 1987. A Quasi-Physical Model for Converting Hourly Global Horizontal to Direct Normal Insolation[R]. Golden, CO: Solar Energy Research Institute. www. nrel. gov/ rredc. pdfs/3087. pdf.

Mie G, 1908. Beitrage zur Optiktrüber Medien Speziell Kolloidaler Metalosungen[J]. Annalen der Physik, Vierte Folge, 25(3):377-445.

Orgill J F, Hollands K G, 1977. Correlation Equation for Hourly Diffuse Radiation on a Horizontal Surface [J]. Solar Energy, 19(4):357-359.

Perez R, Seals R, Ineichen P, Stewart R, Menicucci D, 1987. A New Simplified Version of the Perez Diffuse Irradiance Model for Tilted Surfaces[J]. Solar Energy, 39(3):221-231.

Perez R, Seals R, Zelenka A, Ineichen P, 1990. Climatic Evaluation of Models That Predict Hourly Direct Irradiance from Hourly Global Irradiance: Prospects for Performance Improvements[J]. Solar Energy, 44 (2):99-108.

Rayleigh L. 1871. On the Light from the Sky, Its Polarization and Colour[J]. Philosophical Magazine, 274-279.

Reda I, Stoffel T, Myers D, 2003. A Method to Calibrate a Solar Pyranometer for Measuring Reference Diffuse Irradiance[J]. Solar Energy, 74:103-112.

Spencer J W, 1982. A Comparison of Methods for Estimating Hourly Diffuse Solar Radiation from Global Solar Radiation[J]. Solar Energy, 29(1):19-32.

Wilcox S, Gueymard C A, 2010. Spatial and Temporal Variability of the Solar Resource in the United States [C]. Proceedings of Solar 2010, Phoenix, AZ, May 2010.

3 太阳辐射测量

对 CSP 项目的设计和实施来说,法向直接辐射的准确测量至关重要。由于法向直接辐射数据的获取相对复杂与其他气象测量工作相比成本较高,因此只有有限的气象站可以提供这种数据。随着 CSP 行业的发展,开发商在现场资源分析、系统设计和电站运营环节对法向直接辐射测量数据的需求与日俱增。另外,法向直接辐射测量数据可以用于开发和检验经验模式。这一类模式以地面气象观测或卫星遥感资料为输入,可以估算法向直接辐射和其他太阳辐射分量。最后,法向直接辐射测量数据在太阳能资源预报技术开发方面也有重要价值。

本章重点讨论法向直接辐射资源测量系统的仪器选择、安装、设计和运维。

3.1 仪器选择

在选择仪器和考虑相关成本之前,用户必须首先对数据的准确度或不确定度进行评估,以保证据此标准获取的法向直接辐射测量数据可以满足最终需求。这样做可以确保在考虑各种测量方案和仪器选型后,所获取的观测数据是最可靠的。

确定了项目对法向直接辐射准确度的要求后,用户可以据此识别配置最低的仪器,并通过计算整体性价比得出这套测量系统的运维成本。具体来说,根据辐射表的设计规格和仪器制造商的建议,获取高质量的观测数据可能需要支付高昂的运维费用。如果项目资金无法支撑这一维护开支,那么就不要购买“一级”(即高优质量)观测仪器。

备份仪器是保证数据质量的另一种方案。在项目场址内安装多套辐射表,同时测量三个太阳辐射分量(GHI,DHI,DNI),无论其主要的测量需求是什么,均能大大提高对测量数据进行质量评估的机会。

3.2 仪器类型

用于测量各种形式辐射的仪器称为辐射表。本节将概述最常见的面向 CSP 技术的辐射表类型。

3.2.1 直接辐射表和总辐射表

直接辐射表和总辐射表是测量太阳辐照度的两种辐射表,其设计区别在于,它们接收的太阳辐射来自天空中不同的路径。如第 2 章所述,直接辐射表用于测量法 DNI,总辐射表用于测量 GHI、DHI 或方阵平面(plane of array,POA)辐照度。表 3-1 列举了这两种辐射表的关键特征。

表 3-1 太阳辐射测量仪器

辐射表类型	测量要素	视场角(全角)	安装
直接辐射表	DNI	$5.7° \sim 6.0°$	安装在自动太阳跟踪器上,以随时对准日面
总辐射表	GHI	2π 球面度	安装在没有障碍物的固定水平面上*
总辐射表	DHI	2π 球面度	安装在配有遮光装置的自动太阳跟踪器或者可手动调节的遮光带平台上,以遮挡投射在探测器表面的法向直接辐射*
总辐射表	POA 辐照度	2π 球面度	安装在平板太阳辐射接收装置组成的方阵平面上*

*:可选装电动通风器来降低光学表面的污染。

直接辐射表和总辐射表通常使用热电或光电探测器,它们可以将太阳辐射通量(W/m²)转化为成比例的电压信号(μVDC)(volts of direct current,VDC,直流电压)。热电探测器表面有一个黑色涂层,它对 300~3000nm 的所有太阳辐射波长具有明显且一致的光谱响应(图3-1)。由于这种探测器的热容量相对较大,其时间响应特性通常为 1~5s[①],也就是说输出的电信号滞后于太阳通量的变化。光电探测器通常只对 400~1100nm 的可见光和近红外光谱

图 3-1 美国 Eppley Laboratory 装配 PSP 型总辐射表所使用的热电堆型探测器

(图片来源:NREL/PIX 03962)

---

① 物理上,这个常数代表系统阶跃响应到达总信号刺激变化的(1−1/e)或者约 36.8% 时所用的时间。

区有响应(图 3-2)。这种探测器响应较快——响应时间为微秒量级。对于商用仪器,无论是哪一种探测器,当它暴露在 1000W/m² 的太阳辐射下时,其生成的电压信号只有大约 10mVDC(假设输出信号未被放大)。鉴于这是一种较弱的电信号,仪器安装过程中合理的电气接地和屏蔽措施都是必需的(见第 5 章)。

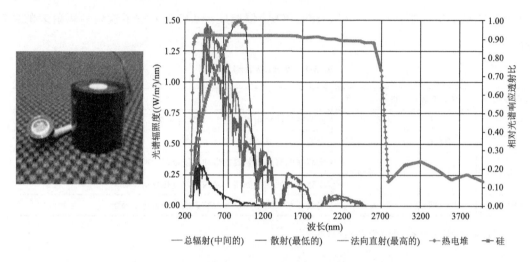

图 3-2　典型光电二极管探测器(左)和 LI-COR 总辐射表的光谱响应(右)(见彩图)

(经 LI-COR Biosciences 公司许可使用)

由于视场狭小(全视场角通常为 5.7°或 6.0°),直接辐射表需要安装在自动太阳跟踪装置上,使仪器时刻对准日面,以保证日出到日落之间探测器始终可以接收到太阳辐射(图 3-3 和图 3-4)。直接辐射表与日面的对准程度,由一个简单的瞄准器或者瞄准装置来确定。正常情况下,瞄准装置上的小光点(太阳影像)应落在仪器后端的中心标记上(图 3-5)。按照惯例,跟踪器在对准时允许存在很小的偏差。因此,除了来自日面的辐射,直接辐射表的限视孔径还可

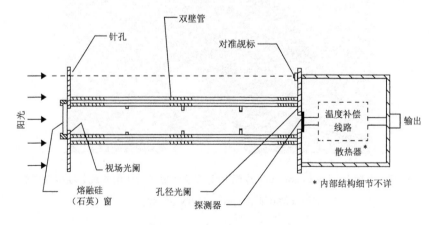

图 3-3　美国 Eppley Laboratory NIP 型直接辐射表示意图(Bahm 和 Nakos,1979)

(图片来源:ERDA,现在的 DOE)

以接收到太阳周围一个窄环天空内的辐射(WMO,2008)。环日辐射是大气气溶胶和其他大气成分前向散射日面附近的太阳辐射而产生的。直接辐射表测量的准确与否,取决于视场和跟踪器的对准程度,其观测结果包含了环日辐射带来的影响。

图 3-4 安装在自动太阳跟踪器上的直接辐射表

(图片来源:NREL, Stoffel,2000)

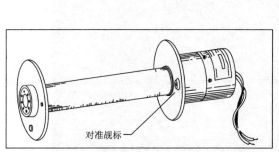

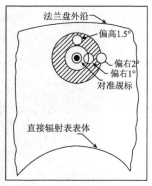

图 3-5 直接辐射表校直觇孔配置(Micek,1981)

(经 Leonard Micek 许可使用)

测量 DNI 最准确的仪器,叫做电子自校准绝对腔体辐射表(图 3-6)。如第 2 章中所述,世界辐射测量基准(WRR)就是以这种类型的直接辐射表为基础的,而 WRR 是国际公认的基于探测器的 DNI 测量标准,如图 3-7 所示(Fröhlich,1991)。在设计上,绝对腔体辐射表没有窗口。为了保护接收器腔体的完整性,这种辐射表通常只能在晴空和有人操作的情况下使用

（图 3-8）。可移动窗口和"全天候"控温设计为直接辐射表的自动连续运行提供了基础。不过,防护窗口的安装抵消了 DNI"绝对"测量的本质。另外,使用防护窗口还引入了额外的测量不确定度。这与窗口的光学透射特性有关（窗口的材料是石英或氟化钙）,也和密封系统内部热交换的变化有关。

图 3-6　安装在太阳跟踪器上的多台电子自校准绝对腔体辐射表

（配有控制及数据采集电子设备）

（图片来源：NREL,Stoffel,2000）

图 3-7　六台绝对腔体辐射表构成的世界标准组,用于定义 WRR 或 DNI 测量标准

（图片来源：NREL/PIX 08087）

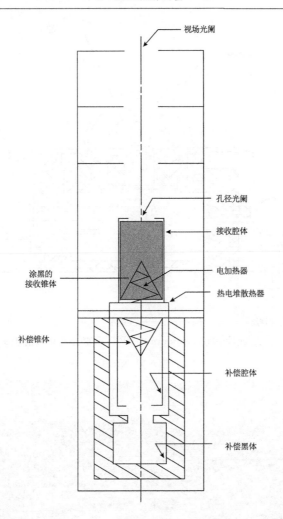

视场光阑

孔径光阑

接收腔体

电加热器

热电堆散热器

涂黑的
接收锥体

补偿锥体

补偿腔体

补偿黑体

图 3-8 美国 Eppley Laboratory AHF 型绝对腔体直接辐射表示意图(Reda,1996)

(图片来源:NREL)

　　总辐射表分为热电型和光电型两种,视场均为半球形或"鱼眼"状(即 360°或 2π 球面度)(图 3-9)。为了测量 GHI,这种类型的辐射表通常是水平安装的。在这个方位上,仪器可以观测到整个天穹。理想状态下仪器周围最好没有自然或人为障碍物。总辐射表的探测器安装在精密石英(或其他材料)制作的圆罩或漫射器下,这样设计是为了让探测器免受天气影响,并确保其探测到的光学特性与接收到的半球太阳辐射是一致的。尘埃、霜露、雪冰、昆虫或其他因素都可能污染总辐射表上的光学元件。为了减少这种潜在的可能性,总辐射表上可加装通风设备,使气流(有时会经过加热)从仪器下方掠过圆顶,起到通风的作用(图 3-10)。这些通风设备用电较多,特别是在加热的情况下,因此,这对观测系统供电单元的要求会更高。另外,通风设备会影响全黑型探测器总辐射表的热偏移特性(Vignola et al.,2009)。光电型总辐射表的设计成本较低,这种总辐射表的探测器安装在漫射器下(图 3-11)。与光学玻璃罩相比,亚克力(丙烯酸有机玻璃)漫射器更加防尘(Maxwell et al.,1999)。

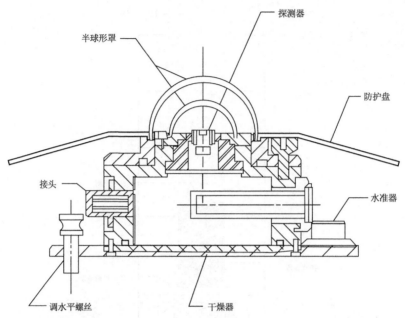

图 3-9　美国 Eppley Laboratory PSP 型精密分光总辐射表示意图

（图片来源：NREL）

图 3-10　安装在 CV2 通风器上的 Kipp&Zonen CM22 型总辐射表

（图片来源：NREL，Stoffel，2000）

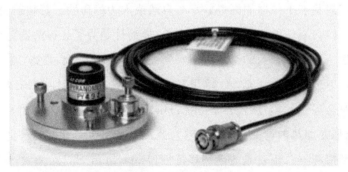

图 3-11　带有光电二极管探测器和亚克力漫射器的 LI-COR 200SA 型总辐射表

（源自：www. licor. com）（图片来源：NREL，Stoffel，2000）

3.2.2 直接辐射表和总辐射表的分类

国际标准化组织(ISO)和世界气象组织(WMO)编制了辐射测量规范与分类标准文件 (ISO,1990;WMO,2008)。在购买直接辐射表和总辐射表之前,建议读者认真阅读这些文件, 并把这一工作看作项目前期规划的一部分。

测量不确定度的估算是直接辐射表和总辐射表分类的依据。WMO(2008)将太阳辐射测 量中的困难总结如下。

实践中,要获取高质量的测量结果可谓困难重重。在常规观测条件下,高质量的数据只能 依靠现代化设备和多重测量手段实现。一些达不到最佳实践效果的系统仍在使用。虽然大多 数情况下不得不接受这些品质较低的数据,但是行业对高质量数据的需求越来越大。

表 3-2 和表 3-3 是 WMO 制定的业务化直接辐射表和总辐射表的性能指标。ISO 制定的 辐射表性能指标可以参考表 3-4 和表 3-5。之所以提供仪器的分类信息,主要目的是为了解决 数据质量的差异问题,帮助读者更好地理解不同等级的仪器所得到的数据质量差异。

表 3-2 WMO 制定的用于 DNI 测量的直接辐射表特性

特性	高优质量	良好质量
响应时间(95%的响应)(s)	<15	<30
零点偏移——对 5K/h 环境温度变化的响应(W/m²)	2	4
分辨率——可检测到的最小变化(W/m²)	0.051	1
稳定性——年变化,满量程百分比	0.01	0.05
温度响应——环境温度变化(50K 内)引起的最大百分比误差	1	2
非线性——与 500W/m² 的响应度相比,辐照度变化(100~1100 W/m² 内)引起的响应度百分比偏差	0.02	0.05
光谱灵敏度——300~3000nm 范围内光谱吸收率与光谱透射率的乘积距平均值的百分比偏差	0.05	1.0
倾斜响应——假定辐照度为 1000W/m²,倾角由 0°变至 90°时,响应度相对于 0°时(水平)的百分比偏差	0.02	0.05
可达到的不确定度(95%的置信水平):		
1min 总计		
百分比	0.9	1.8
kJ/m²	0.56	1
Wh/m²	0.16	0.28
1h 总计		
百分比	0.7	1.5
kJ/m²	21	54
Wh/m²	5.83	15.0

表 3-3　WMO 制定的用于 GHI 或 DHI 测量的总辐射表特性

特性	高优质量	良好质量	中等质量
响应时间——95％的响应(s)	＜15	＜30	＜60
零点偏移			
对 200W/m² 净热辐射的响应(通风)(W/m²)	7	15	30
对 5K/h 环境温度变化的响应(W/m²)	2	4	8
分辨率——可检测到的最小变化(W/m²)	1	5	10
稳定性，年变化,满量程百分比	0.08	1.5	3.0
对辐射束的方向响应——假定法向入射辐照度为 1000W/m²,其 R_s 对任意方向都有效时,所引起的误差范围(W/m²)	10	20	30
温度响应——环境温度变化(50K 内)引起的最大百分比误差	2	4	8
非线性——与 500W/m² 的响应度相比,辐照度变化(100～1000W/m² 内)引起的响应度百分比偏差	0.05	1	3
光谱灵敏度——300～3000nm 范围内,光谱吸收率与光谱透射率的乘积距平均值的百分比偏差	2	5	10
倾斜响应——假定辐照度为 1000W/m²,倾角由 0°变至 90°时,响应度相对于 0°时(水平)的百分比偏差	0.5	2	5
可达到的不确定度(95％的置信水平):			
时总量(%)	3	8	20
日总量(%)	2	5	10

表 3-4　ISO 制定的用于 DNI 测量的直接辐射表性能规格汇总

技术规格	直接辐射表的等级		
	二等标准表	一级工作表	二级工作表
响应时间——95％的响应(s)	＜15	＜20	＜30
零点偏移——对 5K/h 环境温度变化的响应(W/m²)	±1	±3	±6
分辨率——可检测到的最小变化(W/m²)	±0.5	±1	±5
稳定性——年变化,满量程百分比(%)	±0.5	±1	±2
非线性——与 500W/m² 的响应度相比,辐照度变化(100～1000W/m² 内)引起的响应度百分比偏差(%)	±0.2	±0.5	±2
光谱选择性——300～1500nm 范围内,光谱吸收率与光谱透射率的乘积距平均值的百分比偏差(%)	±0.5	±1	±5
温度响应——环境温度变化(50K 内)引起的总百分比偏差(%)	±1	±2	±10
倾斜响应——假定辐照度为 1000W/m²,倾角由 0°变至 90°时,响应度相对于 0°时(水平)的百分比偏差(%)	±0.2	±0.5	±2
可溯源性——通过周期性对比来维护	向一等标准直接辐射表溯源	向二等标准直接辐射表溯源	向一级或更好的直接辐射表溯源

表 3-5　ISO 制定的用于 GHI 或 DHI 测量的总辐射表性能规格汇总

性能规格	总辐射表的等级*		
	二等标准表	一级工作表	二级工作表
响应时间——95％的响应(s)	<15	<30	<60
零点偏移			
对 200W/m² 净热辐射的响应(通风)(W/m²)	±7	±15	±30
对 5K/h 环境温度变化的响应(W/m²)	±2	±4	±8
分辨率——可检测到的最小变化	±1	±5	±10
稳定性——响应率年度变化百分比(％)	±0.8	±1.5	±3
非线性——与 500W/m² 的响应度相比,辐照度变化(100～1000W/m² 内)引起的响应度百分比偏差(％)	±0.5	±1.0	±3
对辐射束的方向响应——假定法向入射辐照度为 1000W/m²,其 R_s 对任意方向都有效时,所引起的误差范围(W/m²)	±10	±20	±30
光谱选择性——300～1500nm 范围内,光谱吸收率与光谱透射率的乘积距平均值的百分比偏差(％)	±3	±5	±10
温度响应——环境温度变化(50K 内)引起的总百分比偏差(％)	2	4	8
倾斜响应——假定辐照度为 1000W/m²,倾角由 0°变至 90°时,响应度相对于 0°时(水平)的百分比偏差(％)	±0.5	±2	±5

　　* :二等标准总辐射表的级别是最高的。因为,最准确的水平面总辐照度是绝对腔体辐射表测得的 DNI 垂直分量与带遮光光盘的二等标准总辐射表测得的 DHI 之和。

　　即使在仪器分类和规格参数中,也可能存在一些测量不确定度的变化。针对特定的应用场景,用户应该多了解几种不同的仪器选型,以便熟悉其设计和测量特点(Myers 和 Wilcox,2009;Wilcox 和 Myers,2008)。

3.2.3　旋转遮光带辐射表

　　旋转遮光带辐射计(rotating shadowband radiometer,RSR)由总辐射表和遮光带组成,遮光带在电机驱动下周期性地掠过探测器的视场,以实现对总辐射的遮挡(图 3-12)。通过这种设计,仪器在无遮光和遮光的情况下可以分别测量 GHI 和 DHI。根据公式(3-1),DNI 可以通过 GHI、DHI 和遮光时刻的太阳位置计算得到(图 3-13)。这套仪器由电机驱动,维持运行需要足够的电能,不过,商用仪器的电源能耗通常很低,小型的光伏板和蓄电池足以支撑。依托这种设计,仪器可以安装在供电不发达的偏远地区。大多数型号的仪器都自带后处理功能,可以校正测量中的已知误差,如遮光带的几何效应以及总辐射表对温度和太阳光谱分布的响应特性。有时,这种校正带有局地性,需要对校正因子的大小进行经验检验。在选购仪器时,用

图 3-12　市面上的两种旋转遮光带辐射表

（左：Irradiance 公司的 RSR 型；右：Yankee Environmental Systems 公司的 SDR-1 型）

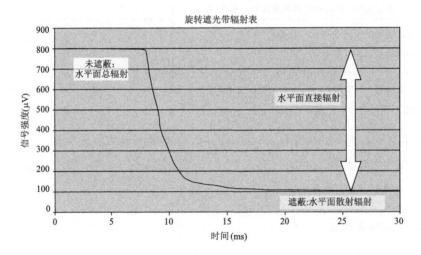

图 3-13　旋转遮光带辐射表测量的时间序列数据，数据表明两个测量值

（GHI 和 DHI）之差和 DNI 的垂直分量（水平面直接辐射）成正比关系

（图片来源：NREL，Stoffel，2000）

户应咨询制造商，以确认程序包中是否包含了后处理程序。

$$DNI = \frac{(GHI - DHI)}{\cos(SZA)} \tag{3-1}$$

3.3 测量的不确定度[①]

每一个测量结果只能接近被测值。如果缺少不确定度的定量表示,那么测量结果将是不完整的。测量系统中的每一个要素都会影响数据最终的不确定度。太阳辐照度的准确测量取决于辐射表的设计、硬件安装方案、数据采集方式、测量系统的运维、校准方法和频次,以及数据的实时或后续校正。如果不确定度分析合理,那么得到的测量数据不会超出不确定度的预期范围。

本节的测量不确定度概述,总结自 Myers 等(2002),Reda 等(2007),Stoffel 等(2000)以及 Wilcox 等(2008)。

3.3.1 术语

在过去,不确定度分析就是处理不确定度的来源,即"随机"和"偏差"两种误差类型。随机来源与测量数据的标准偏差或方差有关,而偏差则是测量值相对于真值的偏离程度,是从工程学角度对测量系统性能的评判。总不确定度(total uncertainty,UT)是以上两种误差平方和的平方根:

$$UT = \left[\sum (\text{偏差误差})^2 + \sum (2 - \text{随机误差})^2 \right]^{1/2} \tag{3-2}$$

上式中随机误差项中的因子 2(历史因子)用于抬高随机误差,这样可以为计算得到的 UT 值提供大约 95% 的置信水平,这里假设数据呈正态分布(即随机)。

文献 WMO(2008)是当前普遍认可的测量不确定度指南(GMU)(BIPM,1995)。GMU 规定,A 类不确定度(U_A)用统计方法来评定,B 类不确定度(U_B)通过科学评判、经验、规格、比较和校准数据等其他方法来评定。针对每种类型的不确定度,GMU 规定标准不确定度(U_{std})是误差源(指定分布)的等效标准偏差的估算值。合成不确定度(U_C)是 A 类与 B 类不确定度的平方和的平方根。当历史因子 2 被包含因子 k 替代后(k 取决于已知或假定的不确定度统计分布),便可以用以下公式计算得出扩展不确定度(U_E):

$$U_E = \left[\sum (U_B)^2 + \sum (k \times U_A)^2 \right]^{1/2} \tag{3-3}$$

对于满足正态分布的小样本($n<20$),k 可以从 t 分布中选定。置信水平为 95% 和 99% 时,包含因子 k 的取值范围通常在 2~3 之间(Taylor 和 Kuyatt,1987)。对于 95% 的置信水

[①] 译者注:应当指出,虽然本书原文也称遵循的是测量不确定度指南(GMU)(BIPM et al.,1995),但事实上,文中的有关论述,与我国同样遵循 GMU 所制定的计量技术规范——《测量不确定度评定与表示:JJF 1059—1999》,无论在表述上,还是公式表达上均有所不同。为了忠实于原文,在这里仍按原文翻译,但是,如果读者打算实践评定测量中的不确定度,建议仔细参阅上述我国的有关标准文献,并按照相关的规定执行。

平,扩展不确定度 U_E 是合成不确定度 U_C 的 2 倍。

当一个结果 R 与几个变量 x_i 存在函数关系时($i=1,2,\cdots,n$),误差传递满足下面的公式:

$$U_R = \left[\sum_i (\partial_{xi}R \cdot e_{xi})^2 \right]^{1/2} \tag{3-4}$$

式中:U_R 为求出的不确定度;e_{xi} 为变量 x_i 的估算不确定度;$\partial_{xi}R$ 为响应值 R 对 x_i 的偏导数(变量 x_i 的灵敏度函数)。

GMU 流程可以概括为下列四个步骤:

(1)确定测量方程;

(2)列举或估算测量方程中每个变量的标准不确定度,以及测量过程中可能引入不确定度的每个成分的标准不确定度(如曲线拟合不确定度和环境条件不确定度等等);

(3)通过求平方和的平方根,用步骤(2)中的标准不确定度计算合成标准不确定度;

(4)用合成标准不确定度乘以包含因子计算扩展不确定度,通常包含因子可以用 t 分布分析得到(对大的数据集来说,置信水平为 95% 时包含因子通常为 2,置信水平为 98% 时包含因子为 3)。

3.3.2　DNI 测量不确定度

DNI 的测量不确定度分析主要涉及两种情况:

(1)直接辐射表的校准;

(2)现场测量。

3.3.3　直接辐射表校准不确定度的估算

直接辐射表响应度(Rs_i)是通过每次(i)测量对比计算得到的,单位为 $\mu V/(W/m^2)$。在数值上,它等于被校准的直接辐射表输出的电压信号与参考或传递标准辐射表(可溯源至 WRR 的电子自校准绝对腔体辐射表)测量辐照度的比值,测量时间间隔通常为 $1\sim60s$:

$$Rs_i = V_i/REF_i \tag{3-5}$$

式中,V_i 为直接辐射表输出电压(μV),REF_i 为参考法向直接辐照度(W/m^2)。

直接辐射表的校准采用 GMU 流程,表 3-6 列出了单个直接辐射表响应度的不确定度,置信水平为 95%。

表 3-6　直接辐射表校准不确定度估算(%)

A 类误差源	标准不确定度(%)	B 类误差源	标准不确定度(%)
世界辐射测量基准的传递	0.200	世界辐射测量基准的不确定度($U_E,k=2$)	0.3
绝对腔体对环境条件的响应	0.013	绝对腔体对环境条件的偏差响应	0.013
数据采集器的精密度	0.0025	数据采集器的偏差($9\mu V/10mV$)	0.09

续表

A 类误差源	标准不确定度(%)	B 类误差源	标准不确定度(%)
直接辐射表探测器的温度响应	0.25	直接辐射表探测器的温度响应	0.25
直接辐射表探测器的线性	0.100	温度偏差(10℃)	0.125
太阳跟踪器的对准变化	0.125	太阳跟踪器的对准偏差	0.125
直接辐射表窗口的光谱透射率	0.500	直接辐射表窗口的光谱透射率	0.5
电磁干扰和电磁场	0.005	电磁干扰和电磁场	0.005
A 类不确定度合计 *	0.615	B 类不确定度合计 *	0.665

* 注:根号下之平方和。

合成不确定度 U_C,可以通过上述 A 类和 B 类误差的标准不确定度求出:

$$U_C = [(0.615)^2 + (0.665)^2]^{1/2} = 0.906\%$$

置信水平为 95%时的扩展不确定度(U_E),可以通过有效自由度(若一天进行的测量超过 1000 次,那么直接辐射表校准的有效自由度会超过 100)和包含因子 $k(k=2.0)$计算:

$$U_E = 2 \times U_C = 1.8\%$$

因此,对于每个 Rs_i,校准的扩展不确定度为±1.8%。

了解这些后,读者可以查验每部辐射表的校准证书,并联系制造商了解更多的校准信息。为了便于仪器的户外校准,NREL 给出了单一的 Rs_i 值,即相当于太阳天顶角(SZA)45°时的响应度 Rs,此外,还给出了 SZA 每变化 2°时对应的 Rs 值(更多信息请查询 www.nrel.gov/solar_radiation)。

3.3.4　DNI 现场测量不确定度的估算

一个维护良好的观测站在考虑校准不确定度和其他测量误差来源的情况下(辐射表光学条件以及校准测量不确定度估算中遇到的相关问题),其测量的亚小时 NDI 扩展不确定度可以分别达到±2.5%(热电堆直射辐射表)和±5%(光电二极管旋转遮光带辐射表)(Wilcox 和 Myers,2008)。表 3-7 列出了两种辐射表的 DNI 测量不确定度来源。

合成不确定度 U_C 可以通过上述每种探测器的 A 类和 B 类误差的标准不确定度求出:

$$U_{CTP} = [(0.889)^2 + (0.934)^2]^{1/2} = 1.29\%$$

$$U_{CSi} = [(1.382)^2 + (1.938)^2]^{1/2} = 2.38\%$$

因此,置信水平为 95%的扩展不确定度 U_E,可以通过有效自由度(若一天进行的测量超过几千次,那么直接辐射表校准的有效自由度会超过 100)和包含因子 $k(k=2.0)$求出:

$$U_{ETP} = 2 \times U_{CTP} = 2.58\%$$

$$U_{ESi} = 2 \times U_{CSi} = 4.76\%$$

表 3-7　亚小时 DNI 测量不确定度估算(%)

A 类误差源	标准不确定度 TP[1]	标准不确定度 Si[2]	B 类误差源	标准不确定度 TP[1]	标准不确定度 Si[2]
固有校准误差(表 3-6)	0.615	0.615	固有校准误差(表 3-6)	0.665	0.665
数据采集器的精密度(±50μV/10mV)[3]	0.5	0.5	数据采集器的偏差(1.7μV/10mV)[3]	0.02	0.02
硅探测器的余弦响应	0	0.5	硅探测器的余弦响应	0	1.5
直接辐射表探测器的温度响应(20℃)	0.25	0.05	探测器的温度响应	0.25	0.05
直接辐射表探测器的线性度	0.100	0.10	逐日温度偏差(10℃)	0.125	0.10
太阳对准变化(跟踪器或遮光带)和总辐射表的调平	0.2	0.10	太阳对准变化(跟踪器或遮光带)和总辐射表的调平	0.200	0.20
直接辐射表窗口的光谱透射率	0.1	1.0	直接辐射表窗口的光谱透射率	0.5	1.0
光学清洁度(阻挡入射)	0.2	0.1	光学清洁度(阻挡入射)	0.25	0.1
电磁干扰和电磁场	0.005	0.005	电磁干扰和电磁场	0.005	0.005
合计 A 类不确定度[4]	0.889	1.382	合计 B 类不确定度[4]	0.934	1.938

注 1:使用热电堆探测器的直接辐射表。

注 2:使用硅二极管总辐射表探测器的旋转遮光带辐射表。

注 3:典型的出厂准确度为全量程(通常 50mV)的 ±0.05%(−25℃～50℃);假设信号为 10mV,准确度为 ±50μV(0.5%),分辨率为 1.67μV(0.02%)。

注 4:根号下之平方和。

热电堆型直接辐射表和硅光电二极管型旋转遮光带辐射表的 DNI 测量扩展不确定度估算值,分别为 ±2.6% 和 ±4.76%。得到测量数据后,应对其进行仔细检查,并与现场标准辐射表进行定期比对。这样一来,一旦出现不确定度较大的情况,可以及时发现。辐射表、数据采集系统和辅助设备的问题均有可能影响测量。

3.4　测站设计注意事项

要采集满足需求的 DNI 数据,太阳能资源测站及站网的设计和部署都十分重要。接下来的章节将概述这项工作的各种注意事项。

3.4.1　位置

建设太阳能资源测站的主要目的是采集数据,以帮助分析人员准确地评估特定位置的太阳辐射和相关气象参数。理想状态下,仪器会布置在目标区域内。有时,考虑到局地气候复杂性和地形变化,也允许测站和目标区域之间存在一定的距离。通常,地形和气候的变率并不大,因此,在较大空间尺度上太阳能资源的变率也较小。尽管如此,在确定测站的最终位置前,还是应该充分了解这些影响。同时,还要考虑业务化观测时目标区域周边的一些因素,例如电力供应和通信情况,以及是否便于维护,这些将在后面的章节讨论。此外,还要考虑局地污染物或沙尘可能造成的影响。例如,测站附近土质公路上的交通状况会降低测量的品质。

若测站建设在城市或工业区,则要注意射频信号,它可能会给传感器或电缆带来噪音。例如,无遮挡的高层建筑顶部适宜布置太阳能测站,但同时它也是无线电电视广播塔和其他通信设备的所在地。另外,电磁辐射对测站维护人员身体健康的影响也应予以重视。

越准确的测量越能反映实际的资源状况,仪器的选择是重点注意事项之一,但仪器的放置也很重要。如果附近的物体(如树或者建筑物)在某些时段遮挡了仪器,那么测量结果就不能真实地反映可利用的太阳能资源。远处的物体(尤其是山脉)可能也是遮挡物,它们的阴影同样会影响仪器。与遮挡相反,测站附近的物体还可能将太阳辐射反射到仪器上,这同样会导致测量结果与实际不符。测站附近的墙、窗户或其他高反光物体都有这种可能。最好的办法是把仪器部署在探测器视场范围内没有任何物体的地方。

要确定太阳辐射入射通道的情况,最简便的方法是360°环视地平线,记录所有物体相对于地平线的高度,如建筑、树木、天线、电线杆和电线。大多数地点都有类似的障碍物,但关键是确认它们是否会影响测量。一般来说,总辐射表对来自天空或地平线5°以内的遮挡不敏感。不过,直接辐射表会非常敏感,因为法向直接辐射可能会被完全阻挡。当然,这还取决于一年中太阳每天的运行轨迹。每天的遮挡时间和障碍物的宽度及其相对于地平线的高度有关。每年的遮挡天数和障碍物的方位有关。值得注意的是,位于日出和日落位置附近的物体,其遮挡效应在时间和方位上是存在变化的。对地平线上的大部分区域来说,障碍物不是主要问题,因为日出日落变化范围很小(例如,夏至日北纬40°的日出方位距正北大约60°)。然而,随着纬度的北移,日出和日落的变化范围会增大。因此,绘制太阳地平线位置图或障碍物的高度仰角和方位图,有助于确认那些影响测量的地面障碍物(图2-5)。

测站选址还应考虑环境因素,比如野生动物栖息地、迁徙路线、排水系统、古迹和考古区域等。

3.4.2　安全性和易维护性

一个测站包含的设备可能价值数万甚至数十万美元。虽然这类设备一般不是盗窃倒卖的目标,但是仍然有被盗的可能,应当予以保护。另外,与被盗相比,更大的可能是被故意毁坏。与窃贼不同,这些故意破坏者通常不关心这是什么东西,他们更关心的是自己破坏他人财产的欲望。测站越是放置在人们看不到或者不易接近的地方,设备就越不容易被盗或被毁。例如,相对于安装在高速公路边的仪器来说,安装在屋顶上的仪器更不容易引起注意。测站不容易被发现,是避免被故意毁坏的最好办法,这包括来自子弹和石块的外力摧毁。

为了防止人或动物闯入,还应加装安全防护栏。防护栏的高度至少应为 6 英尺[①],并且上面有带刺铁丝网。若测站所在位置比较显眼,还应安装带锁的门。在较安全的地区,安装简易防护栏就足够了,它完全可以打消人们对设备的好奇心。在人迹罕至的偏远地区,如果有大型动物出没,可以在测站外加装约 4 英尺高的防牲畜护栏板。这种防护栏应当足够牢固,能够承受大型动物的冲击。体型较小的动物不可能完全被隔离在测站之外,因此也要做好预防措施,确保设备、电缆以及辅助设备等能承受住这些动物的破坏。狼、啮齿类动物、野兔、鸟类及其他野生动物能穿过铁丝网,或通过跳跃打洞的形式进入防护栏。连接仪器模块和传感器的通信线缆往往铺设在地上或接近地面,很容易被啮齿类动物咬坏,因此,可以在线缆外包裹导管或将线缆埋于地下。所有的埋地电缆都应是地下敷设专用电缆,其外包导管也应是地下敷设专用的导管。最后,在挖洞或埋入锚状物之前,应调查地下管道和其他设施。

如果测站加装了防护栏,那么辐射表一定要放置在防护栏以上(包括带刺铁丝网)。只需要高出几毫米,就可以避免传感器被遮挡。这里的前提是总辐射表水平安装,直接辐射表架设在太阳跟踪器上。方阵平面(POA)上的总辐射表不存在这种情况,可以无遮挡地探测到其前方的地面和天空。如果测站附近有高塔,而且无法避开,那么测站应安装在塔与赤道方向之间(例如,在北半球,应立于塔的南侧),这样产生的遮挡最小。辐射表的位置离塔越远越好,至少要几米,这样塔身遮挡住的天空会很小(辐射表信号电缆不宜超过 50m,以避免线阻引起的损失)。塔身应漆成中性灰,以减小反射对辐射测量的影响。这里有一个前提,即测站管理员拥有移动或者改造塔身的权力。如果不具备这个条件,那么辐射表应尽可能地远离塔身。

设备是否易于维护也是测站建设中要考虑的。日常例行维护是影响数据质量的首要因素。因此,为了合理且简便地维护仪器,必须制定相关的规定。这里的因素包括该地段是否可以轻松达到,是否有维护良好的全天候道路以及进入屋顶是否需要经过其他部门同意等。此外,安全也是必须考虑的因素。例如,没有加装围栏和安装固定梯子的屋顶存在安全隐患,这一类场所不能用于测站建设。

3.4.3　电力需求

持续的野外测量需要可靠的电源做支撑,以减少因停电而造成的系统停机时间。一些区域的电网供电很稳定,每年的停机时间也就几分钟。不过,在有些地方,每日停电多次很常见。根据后续分析工作对缺失数据的容忍程度,采取防范措施是很有必要的,这样可以确保断电造成的数据缺测不会严重影响分析结果。应对断电最常用和最划算的手段是使用不间断电源

---

① 1ft(英尺)≈0.3048m。6ft≈1.83m;4ft≈1.22m。

(uninterruptible power supply,UPS)。不间断电源可以过滤由各种原因引发的电压波动。当交流电供电中断时,UPS的内置蓄电池可以通过逆变器提供备用电源,从电网供电模式到蓄电池供电模式的切换几乎是无缝式的。供电恢复后,UPS会用交流电为内部电池充电。一旦发现功率下降,UPS会迅速切换到电池供电模式,响应时间只有几毫秒,连一个交流电周期都不到。即使配备了UPS,有些设备对断电也特别敏感,哪怕切换时间只有几毫秒,因此,应该特别注意这种情况,最好多测试几次以避免停机状态突发。

UPS的大小分类主要基于以下两点:

(1)工作容量(功率值——瓦特。无论是离网还是联网模式,均能持续供应交流电);

(2)电池寿命(在最大工作负荷下,电池可以用的时间)。

用户应当估算可能出现的最长停电时间,然后结合用电设备的最大负荷和电池的最长续航时间选择大小合适的UPS。电池应当定期测试,以确保设备正常运转。当电池接近失效或性能退化时,内置的测试功能模块会报错。因此,为了避免测量系统出现故障,要周期性地对UPS进行定时断电测试,以确保其在必要时刻能够提供充足的备用电源。

在没有电网供电的偏远地区,还要为测站设计专门的发电单元。发电单元可以选用光伏板或小型风力发电机(或两者并用),以及汽油或柴油发电机,同时配以蓄电池。多云的时候,光伏板发电量很小。如果选择可再生能源作为供电来源,那么发电单元必须能够在这样的天气下满负荷运行数日。这同样适用于经常被雾笼罩的地区。发电单元的设计容量和太阳辐射长期变化的极值有关,设计时应充分考虑发电低谷间的最长间隔、最短充电周期、发电量和存储电量。有时为了应对光伏电池板和蓄电池的性能退化,把发电单元设计得大一些也是有必要的。另外,还要注意环境温度,它会影响电池的性能。NREL的发电单元大小计算器可以帮助读者完成发电单元的设计(www.nrel.gov/eis/imby/)。

对于特定的设备,应对其进行停电时的自发电能力测试。这样可以确保供电恢复后,测站能自动恢复测量和记录工作,无需人为干预。对偏远地区,这一点很重要,因为在专业人员去现场重启系统之前,有可能出现长时间的停机。

3.4.4　接地和屏蔽

为了防止雷击和射频干扰降低测量品质,对测站设备进行接地和屏蔽保护措施是很有必要的。有几本书是介绍接地和低压信号电缆屏蔽的(例如,Morrison,1998)。我们鼓励读者在设计太阳能资源测站时,查阅相关的参考书,或向专家寻求专业的咨询。

一般来说,测站设计和建设中的接地和屏蔽包含以下几个步骤:

(1)所有的信号接地采用单点接地的形式(例如,将铜线敲入地下几英尺),以防止接地回路引入测量噪音或偏差。

（2）在低压测量中使用双绞线屏蔽线缆，在数据采集器中按照双向测量进行接线。双向测量需要将"＋"和"－"信号的采集通道彼此分开，而且信号的接地也不共享。由此，可以有效减少电噪声的引入。

（3）对低压传感器电缆和周边电噪声来源实施物理隔离（不要把信号电缆与交流电缆捆成一束）。如果电力电缆必须敷设在信号电缆附近，那么布线时要互成直角。两条电缆接触有限的情况下，会大大减小信号电缆中引入的噪声电压。

（4）桅杆和三脚架等金属制品应当接地。在应对雷击时，这是一种简单有效的接地方式，可以保护灵敏的仪器。电子设备通常配有特殊的接地片和内部防护，可以减小雷击杂散电压对设备的冲击。金属制品接地可以用一根粗导线（12 号美国电线①或尺寸更大的）。此外，金属氧化物压敏电阻、雪崩二极管或气体放电管都可以保护信号电缆，以避免雷击浪涌带来的损害。以上装置必须定期更换，保证其可以正常工作，更换频率与单位能量耗散累积值有关。

3.4.5　数据采集

为了不影响辐射表对电势的测量，数据采集设备应当具备一定的性能规格。例如，低电平直流电压的模数转换、温度响应系数以及运行环境限制。

大多数辐射表输出的是电压、电流或电阻信号，它们可以用电压表、电流表或欧姆表测得。随后，参照公认的测量标准，用乘数和偏移的方法将这些输出值转换为工程单位。数据采集器的不确定度要与传感器的不确定度相匹配。通常情况下，数据采集器的不确定度应该比辐射表的测量不确定度小 3～10 倍。例如，一个输出电压是 10mV 的辐射表，如果其准确度为 1% 或 0.1mV（100μV），那么数据采集器的总不确定度（准确度）应该优于（小于）读数（或量程）的 0.1%，即 0.010mV 或 10μV。为了捕捉到数据的最佳分辨率，采集器也应当有一个量程，这样可以测得量程快满时的电压和电阻。例如，一个量程为 10mV 的传感器，其配套采集器的量程最少应为 10mV。1V 量程的采集器也能满足 10mV 的测量需求，但是它的精密度可能达不到要求。目前，大多数的数据采集器都有多个量程，用户可以根据仪器的量程进行选择，以实现优化配置。太阳辐射测量比较特殊，有云通过测站上方时，辐射表的读数有时会达到晴空时的 200% 甚至更高。因此，设置采集器量程时，也要考虑到这种极端情况。

为了让信号满足需求，一些辐射表会用放大器提高仪器的输出值。不过，这种放大器需要电源支持，必然将引入新的不确定度，如非线性、噪声、温度依赖性和不稳定性等。高质量的放大器会减少这些影响，也会在采集器成本和数据准确度之间给予合理的平衡。辐射表的校准要针对整个系统，包括总辐射表、直接辐射表及其配套的放大器。

为了与设备所处的环境相匹配，采集设备也应该具备一定的环境规格要求。在沙漠或极

---

① 12 号美国电线截面积约 3.3mm²。

地,仪器的环境规格要求会非常苛刻,而在环境可控的室内,相关的要求就会相对低一些。设备的外壳会使仪器内部温度比环境温度高出几度,这是由太阳曝晒(外壳材料吸收太阳辐射)、电子设备散热和缺少通风造成的。为了避免上述情况,可以选用戈尔特斯(Gore Tex)材料的防水透气排气塞,既可以通风,还可以防止昆虫和水进入外壳。

太阳能资源数据的采样频率和时间统计量,应当由数据分析需求来确定。例如,月平均、日总量、逐时、逐分和亚分钟数据记录都是有价值的。经过设定,数据采集器通常可以生成瞬时值或者任意采样周期内的累积值。其中,采样周期应与辐射表的时间响应特性保持一致。为了方便和实用,在设计采样频率和时间统计量时既要考虑当前的需求,也要考虑未来可能会有的其他分析需求。高时间分辨率的数据可以通过降采样或积分的形式处理成低分辨率数据,这是其他数据采集方案无法做到的。例如,要重建某个地点的逐分钟时间序列,用逐时数据进行转换是无法实现的。一般情况下,数据采集设备、数据传输机制以及数据存储器可以处理逐分钟数据。因此,这个时间分辨率应当作为数据采集器的基本分辨率。因为大多数应用只关心过去一定时段内的太阳能资源量,所以数据采集器在设定时一般会将原本的亚分钟采样(例如,1s 信号采样)处理为累积值。无论最终需求是什么样,这已经成为一种常用的设定方法。瞬时采样得到的输出一般无法反映实际资源量,在设定数据采集器时,应当避免输出瞬时数据。如果实测数据的大小有限制(例如,有限的数据通信流量),那么用户可以设定一个满足应用需求的最低时间分辨率,以优化数据采集。

3.4.6 数据通信

数据从采集器向处理器的传输也是应当注意的环节。数据采集、传输和处理的方式各种各样。早期的数据记录在带状记录纸上,记录纸要以人工的方式从观测站传递到数据中心。如今这种方式已经被先进的电子电信取代,数据的远程采集已经实现。最早的远程数据采集依赖电话调制解调器,观测站和数据中心之间有电话线相连。现在,这一切已经被移动通信技术取代,它可以为测站和数据中心提供虚拟网络连接。在没有通信服务的地区,数据传输也可以通过卫星通信实现。在测站范围内,也可以考虑 Wi-Fi 这种短距离无线通信方式,这样就不必用电缆连接辐射表和数据采集器了。

3.4.7 运行和维护

要用测站获取准确的太阳能资源数据,正确的运行和维护是必不可少的。总的来说,影响数据准确度和可靠性的因素有:测站的位置、测量系统的设计、设备的安装、数据的采集和测站的运维。运行和维护要始终如一,关注细节。敏感仪器是否要进行预防性保养,也要做全面评估。

3.4.8　辐射表校准

为了保证测量有效,应当定期检查辐射表响应与其输出信号间的对应关系。这个对应关系就是辐射表的响应度 $Rs(\mu V/(W/m^2))$,需要通过校准来确定。校准可以给出响应度的值或者列出一些因素,这些因素都和传感器的辐照度响应有关。借助校准因子,可以把辐射表的输出信号转换为太阳辐射测量所需的工程单位。为了评估辐射表的测量性能,校准的同时还要估算测量不确定度。测量不确定度可能是校准过程中产生的,也可能出厂的时候就有。直接辐射表和总辐射表的定期校准,是测站运行和维护的一项重要内容。

第 2 章和本章前几节曾经讲过,宽带辐射表的校准应当有溯源性,向上可溯源至世界辐射测量基准(WRR),即太阳辐射测量的国际标准。用户可以根据仪器厂商的建议确定校准间隔,也可以根据仪器过去定期校准的稳定性情况确定校准间隔。此外,用户还可以根据时间和曝晒引起的校准漂移确定校准间隔。除了传感器漂移外,其他可能引入仪器误差的因素也要考虑。辐射表的物理变化或损坏会影响响应度 Rs,由此得到的测量数据看似合理,实际却是错的。因此,定期对辐射表进行校准是保证测量合理和有效的明智手段。通常,辐射表一年应校准一次。

直接辐射表有两种校准标准(ASTM,1997;ISO,1990)。如第 2 章所述,这些标准要求用户必须考虑每次校准引入的测量不确定度(图 2-11)。若要将引入的测量不确定度降至最小,可以将直接辐射表与绝对腔体辐射表直接进行对比,对比时长至少为一个晴朗日。通常,这样校准得到的测量不确定度为 1.0%(详见第 2 章)。由于还有其他的误差来源,经过良好校准的直接辐射表进行现场测量时,其不确定度一般是校准不确定度的两倍甚至更多。辐射表制造商及供应商都可以提供直接辐射表的校准服务。

3.4.9　仪器的维护

在校准仪器时,应使用洁净的光学器件和经过仔细对准的探测器。为了正确应用校准因子(响应度 Rs 的另一种称谓——译注),仪器所处的测量环境应当保持不变。此外,为了保证辐射响应与仪器输出对应关系的准确性,合理的清洁和其他日常维护也是必不可少的。具体的维护步骤如下。

(1)检查探测器对准情况。为了准确测量 DNI,直接辐射表必须与日面保持对准。同样,为了准确测量 GHI 和 DHI,总辐射表必须水平放置。如果要测量倾斜面辐照度,那么总辐射表在放置时应当与光伏板保持平行。辐射表的朝向也应进行定期检查,可以参考第 3 章的内容。在晴空条件下,经过仔细调平的总辐射表有时也会出现正午前后读数不对称的情况。如果这和大气成分(如气溶胶或水汽)的变化无关,也不是由光学不对称引起的,那么它可能和探测器的光轴有关。光轴有可能不是垂直的,这是产品的缺陷。

(2)清洁光学元件。污染物会阻挡或减少探测器接收到的辐射。为了正确测量太阳辐照度,应当避免光学元件被污染。室外环境中有很多这样的污染源,如尘埃、降水、露水、植物、昆虫和鸟类排泄物等。因此,应当定期清洁传感器,以减小污染物对测量的影响。那些没有安装通风单元和相关防护装置的辐射表每天都要进行维护。

(3)记录仪器状态。仪器的状态影响测量的质量。为了帮助分析员理解数据,测量时也要记录仪器的状态,包括不合格的测量状态。这对增加数据的可信度很重要。对文件进行适当的操作可增加数据集的可信度。观测和记录可从侧面反映数据质量的好坏。

(4)记录仪器工作环境。为了检查数据的一致性(包括异常值),应记录仪器维护时的天空状态和天气条件。

(5)记录测站设施状况。测站是一个整体,应定期进行检查。如果发现问题,应当记录并及时纠正。

仪器维护的频率应视污染物的情况而定,如灰尘、雨水、雪、鸟类和昆虫。当然,也取决于仪器类型。与带透明光学元件的仪器相比,使用光学漫射器的辐射表(如 LI-COR LI-200)不易被灰尘污染影响(Myers et al. ,2002)。一部分原因可能和元器件面积大小有关(半球罩较大,漫射器较小)。另外,沉降在漫射器表面的细粉尘也会减小灰尘对漫射器透过率的影响。辐射表的窗口或半球罩一旦被污染就会立即影响测量,而且测量不确定度会成倍地递增。前面讲过,总辐射表加装了通风单元后可以有效减少仪器被污染的风险。因此,仪器的维护频率和费用应同时予以考虑。如果一个测站距离遥远,难以长期维护,那么部署等级较高的仪器可能不是最佳选择,即使其测量品质较好。对于偏远测站来说,它的建设和运行总成本中大部分是维护成本。在规划测站时,这些方面都应该考虑。

保守的维护方案可以保证测量的可信度,还可以协助分析员给出数据的置信区间。有透明光学元件的仪器应当逐日检查,而带漫射器的仪器每月应当检查两次。有重要天气事件发生时,应当提高现场维护的频率。虽然辐射表的光学元件不一定会在一天内变脏,但是多做维护可以减少这种可能性。

每次检查时,应仔细清洁辐射表,即使污染再小也要清理干净。清洁过程一般非常简短,这样可以避免不同技术员出现操作分歧。有了这样的流程,仪器可以保持清洁,分析员对数据也更有信心。

维护偏远测站需要就近招募一名可以履行维护职责的合格人员。这项工作是非技术性的,不过需要相关人员具备足够的兴趣和合适的性格,这样才能可靠地完成任务。另外,应当设立规定,在时间和差旅上给予维护人员一定的补偿,而不是用志愿者的形式。建立合同关系后,维护人员在开展各项工作时会更加尽职。从长远的角度看,这项投资是值得的。如果缺少这层正式关系,要开展定期可靠的维护非常困难。

　　所有的运维过程应当仔细记录在日志或电子数据库中。有了充足的信息,才能发现问题,找到对策,也可知晓在检查时仪器状态是否良好。这些信息能帮助分析员识别出潜在的问题数据,可为确认测量数据的整体质量提供重要参考。

3.5　数据质量控制和质量评估

　　得到测量数据后,一般要确认数据的质量。以一个缺乏维护的测站为例,如果它的光学元件不够清洁,或仪器没有对准,那么其测得的数据将会带有误差,并且短期内无法察觉。想要系统地减小这种测量不确定度是不可行的,只能考虑如何对其进行订正。数据质量控制是一个定义清晰的监督过程。有了质量控制环节,即使仪器无人值守,测站工作人员也能对数据的质量了如指掌。质量控制主要包含校准、检查和维护三个流程,以及对测站日志和相关记录文档的整理。另外,它还有一个严格检查和评估数据的环节,可以帮助发现一些仅靠检查仪器外观发现不了的问题。

　　数据质量评估是一种根据特定应用标准判定数据质量的方法。例如,为数据划定合理的物理界限,将数据与冗余补充测量对比,或者将数据同物理和经验模式对比等等。这些方法在一定程度上都是独立的度量,可用于质量判定。三元耦合测试是评估 DNI、GHI 和 DHI 的一种常用方法。如第 2 章所述,测得 DNI 和 DHI 后可以用公式(2-3)求得总辐射。

　　测得 GHI、DNI、DHI 三个分量后,由于任何一个分量都可以用其他两个求出来,测量冗余度会很明显。这样,在质量保证(quality assurance,QA)的前提下,每个分量的期望值就可以由其他两个计算得出。虽然这种方法不一定能够严格地确认哪一个分量或哪几个分量的测量存在错误,但是它可以量化三个分量间的相对误差。另外,了解仪器和跟踪器的操作也对发现误差有帮助。例如,跟踪器没有对准会导致 DNI 测量偏低或 DHI 测量偏高。有了这些知识后,通过观察数据大小趋势,数据质量专家可以迅速指出常见的操作错误。因此,同时测量三个分量,而不是只对其中一个或两个感兴趣的分量进行测量,对数据质量分析非常重要。在选择测站仪器时,应该特别注意。

　　SERI QC 是一款质量控制软件(NREL,1993),它可以标记数据,并用图表展示出来(图 3-14)。以最左侧的图为例,颜色越深代表标记越重,Y 轴表示每月的天数,X 轴表示每天的小时数。从图上看,一些错误持续了数天,这说明太阳赤纬变化后没有及时调整跟踪器。忽视了这个问题,造成的错误很严重,持续时间也长。其余的三张图分别是归一化的 GHI、DNI 和 DHI 的标记情况。这些图为分析员识别和定位错误数据提供了信息。

　　以图 3-14 为例,GHI、DNI 和 DHI 数据输入到 SERI QC 软件中后,程序可以用晴空指数

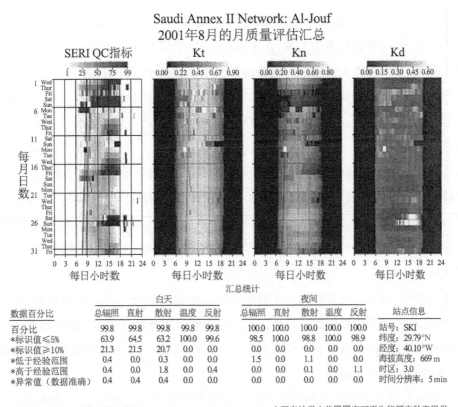

图 3-14　SERI QC 软件生成的数据质量保证报告

（图片来源：NREL，Steve Wilcox）

$(K_t,K_n$ 和 $K_d)$进行三元耦合测试（见第 2 章）。晴空指数是归一化后的太阳辐照度值，它消除了入射太阳天顶角的影响。它们满足以下关系：

$$K_t = K_n + K_d \tag{3-6}$$

或者以残差的形式表示：

$$\varepsilon = K_t - K_n - K_d \tag{3-7}$$

如果 $\varepsilon=0$，那么辐射分量之间的耦合是完美的。否则，说明仪器观测不一致。不过，这种方法无法指出哪一个或哪几个分量存在错误，只能说明存在不一致。此外，还要注意一种特殊情形，即仪器的错误互相抵消时会出现虚假的零值。

上面的内容虽然有些含糊不易理解，但是经验丰富的分析员可以据此非常明确地发现错误。图 3-14 的例子中，逐分钟数据的残差用深颜色标记（最左侧一列），颜色越深表示偏差越大或错误越明显。

右侧三列是晴空指数 K_t,K_n 和 K_d 的值，颜色越浅表示辐照度越大。从第 8 天到第 10

天,质量标记的颜色越来越深,趋势非常明显,而对应的 K_n(或 DNI)却越来越小。出现这种情况的原因很可能是直接辐射表的跟踪器没有对准。在第 11 天,这种情况被纠正了。同样,从第 14 天到第 18 天,这种错误再次出现,并在第 18 天得到了纠正。第 25 天和第 26 天的下午出现了质量标记,原因可能是测量散射的总辐射表跟踪器出现了问题,遮光不够充分,导致散射辐照度偏高。图中体现的其他错误也很明显,比如桅杆对仪器的遮挡,出现在早上的双条纹标记就是这个原因造成的。桅杆遮住仪器的时间在每天会稍有不同,因此,数据之间的耦合关系脱钩很严重。

每次质量标记后都要反馈给测站操作员,以便对跟踪器的对准情况进行调整。

虽然旋转遮光带辐射表(RSR)可以得到 GHI、DNI 和 DHI,但是它们都是用同一块总辐射表测得的。这种局限在一定程度上可以通过冗余测量进行弥补,比如加装一块不遮光的二等标准总辐射表。这是一种相对廉价的提高测量可信度的方法,可以用于两分量或三分量质量评估测试。

这里介绍的三分量法,通常要比一个简单的晴空数据分析更可靠。因为晴空数据分析得出的结论,往往基于晴空数据的模拟或期望值。由于气溶胶和水汽等大气成分的变化,即使是在晴朗无云的情况下,晴空数据的日变化也很大。因此,在没有相关大气成分具体信息的情况下,发现潜在的仪器错误很困难。

一个完整的质量控制过程包括质量评估和操作反馈两部分。图 3-15 所示的就是一个包含数据采集、质量评估和操作反馈的质量保证循环。

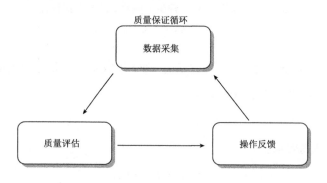

图 3-15 一个质量保证(QA)循环中的信息流
(图片来源:NREL,Steve Wilcox)

图 3-15 中,信息从数据采集模块流向质量评估模块。质量评估模块根据评判标准对评估结果进行分析并形成反馈,然后返回数据采集模块。这个循环有多种应用形式。比如,在测站的日常检查中,分析和反馈可以帮助排查设备故障;在每周的数据标记汇总中,分析可以帮助确认具体的仪器错误,并把这些反馈给维护人员以便排除和解决故障。

质量保证循环越快,问题发现也就越早,收集到的问题数据也会越少。相反,如果维护人员很少对测站进行检查,那么仪器不合格造成的数据错误概率会大大增加。针对不同的采样周期,质量保证可以循环多次,而且侧重点各不相同,如日常检查、每周质量报告和月度总结等。

这个循环很实用的一点就是正面反馈,即向运维人员定期报告错误、运行情况和数据质量。这样做可以保证测量工作的质量,也能让测站人员认识到他们工作的重要性。

质量保证循环是质量控制过程中的一个重要环节。为了保证数据质量的长期稳定,应当谨慎对待这一环节,并在经费上给予支持。

太阳能资源测量数据的解释及应用和观测元数据的记录也有很大关系。元数据包括测站位置、当地地平线测量、数据采集系统、输入信号通道分配、辐射表类型、型号、序列号、校准历史、安装方案和维护记录等。元数据的在线示例可以参考 www. nrel. gov/midc/srrl_bms 上的例子。这些元数据应当和实测太阳能资源数据一起归档。

参考文献

ASTM, 1997. Standard Test Method for Calibration of Pyrheliometers by Comparison to Reference Pyrheliometers[R]. ASTM E816-05, 1997 Annual Book of ASTM Standards, 14, American Society for Testing and Materials, Conshohocken, MA.

Bahm R J, Nakos J C, 1979. The Calibration of Solar Radiation Measuring Instruments, Final Report[R]. BER-1(79)DOE-684-1. Albuquerque, NM: University of New Mexico College of Engineering.

BIPM, IEC, IFCC, ISO, IUPAC, IUPAP, OIML, 1995. Guide to the Expression of Uncertainty in Measurement[R]. ISO TAG 4, Geneva.

Fröhlich C, 1991. History of Solar Radiometry and the World Radiation Reference[J]. Metrologia, 28: 111-115.

ISO, 1990. Specification and Classification of Instruments for Measuring Hemispherical Solar and Direct Solar Radiation[R]. ISO 9060. Geneva. www. iso. org.

Maxwell E L, Wilcox S M, Cornwall C, Marion B, Alawaji S H, Mahfoodh M, AL-Amoudi A, 1999. Progress Report for Annex II-Assessment of Solar Radiation Resources in Saudi Arabia 1993-1997[R]. NREL/TP-560-25374. Golden, CO: National Renewable Energy Laboratory.

Micek L V, 1981. Direct Beam Insolation Measurement Errors Caused by Pyrheliometer Misalignment[D]. Thesis, Trinity University, San Antonio, TX.

Morrison R, 1998. Grounding and Shielding Techniques, Fourth Edition[M]. New York: John Wiley & Sons.

Myers D, Wilcox S, 2009. Relative Accuracy of 1-Minute and Daily Total Solar Radiation Data for 12 Global and 4 Direct Beam Solar Radiometers[R]. NREL/CP-550-45734. Golden, CO: National Renewable Energy Laboratory.

Myers D, Wilcox S, Marion W, Al-Abbadi N, Mahfoodh M, Al-Otaibi Z, 2002. Final Report for Annex II— Assessment of Solar Radiation Resources in Saudi Arabia, 1998-2000[R]. NREL/TP-50-31546. Golden, CO: National Renewable Energy Laboratory.

Reda I, 1996. Calibration of a Solar Absolute Cavity Radiometer with Traceability to the World Radiometric Reference[R]. NREL/TP-463-20619. Golden, CO: National Renewable Energy Laboratory.

Stoffel T L, Reda I, Myers D R, Renné D, Wilcox S, Treadwell J. 2000. Current Issues in Terrestrial Solar Radiation Instrumentation for Energy, Climate, and Space Applications[J]. Metrologia, DOI:10.1088/ 0026-1394/37/5/11.

Taylor B N, Kuyatt C E, 1987. Guidelines for Evaluation and Expressing the Uncertainty of NIST Measurement Results[R]. NIST Technical Note 1297, National Institute of Standards and Technology, Gaithersburg, MD.

Vignola F, Long C N, Reda I, 2009. Testing a Model of IR Radiative Losses[C]. NREL/CP-3B0-46411. Presented at the Society of Photo-Optical Instrumentation Engineers (SPIE) 2009 Conference, San Diego, CA.

Wilcox S, Myers D, 2008. Evaluation of Radiometers in Full-Time Use at the National Renewable Energy Laboratory Solar Radiation Research Laboratory[R]. NREL/TP-550-44627. Golden, CO: National Renewable Energy Laboratory.

WMO, 2008. WMO Guide to Meteorological Instruments and Methods of Observation[R]. WMO-No. 8 (Seventh Edition), Geneva. www. wmo. int/pages/prog/www/IMOP/publications/CIMO-Guide/ CIMO _Guide-7th_Edition-2008. html.

4 太阳辐射模拟

4.1 引言

高质量的太阳能资源评估,有助于制定决策,降低投资不确定性,进而加快技术部署。GHI 和 DNI 是资源评估中最重要的两种辐射分量,代表了某一特定位置的资源特性。GHI 是到达地球表面水平面单位面积上的太阳辐射总能量,包括水平面直接辐射和散射辐射两部分。DNI 则是到达垂直于太阳光线的单位面积上的直接辐射能量。测量 GHI 和 DNI 的仪器分别是总辐射表和直接辐射表。为了保证测量的准确性,辐射表在安装前都经过了仔细校准。由于辐射测量的运行和维护成本较高,部署的观测站往往很少。例如,美国国家海洋大气局(National Oceanic and Atmospheric Administration,NOAA)下属的地表辐射收支观测网(Surface Radiation Budget Network,SURFRAD)目前只有 7 个测站(Augustine et al. ,2000)。尽管如此,地面观测可以与模式结合使用。这种方法已经被用于地表太阳辐射图谱的制作。

获得地表太阳辐射的另一种方法是用地球静止轨道卫星信息估算 GHI 和 DNI(Perez 和 Ineichen,2002;Pinker 和 Laszlo,1992)。地球静止轨道卫星的覆盖范围固定,成像时间规则,特定的卫星可以提供具有典型时空分辨率的全球地表辐射信息。

本章先简要介绍基于地面测量的计算方法,比较几种不同的卫星反演方法,然后列举几种地面辐射数据库和业务模式,并概述两种业务化辐射传输模式,最后讨论太阳能资源评估中的不确定度问题。

4.2 基于地面测量的计算方法

日照计是一种在晴朗天气聚焦直射光束产生烧痕的仪器。它被用来测量并推算世界各地的太阳辐射,已经有一个多世纪的历史(Iqbal,1983)。首先,用烧痕测得日照时数,然后对其进行回归拟合,回归系数由实测的水平面总辐照量计算得到,最后,求得月均太阳总辐射。日照计推算数据通常比 GHI 实测数据更充足,因此,利用回归拟合可以扩大其空间覆盖范围。

不过,利用日照计信息计算 GHI 是一种经验性方法,不同的地区间难以标准化。此外,由于测量质量和价值不高,标准化程度不够,及国家之间存在差异,一些国家的气象服务部门,如美国和加拿大,已经停止了日照时数的测量。

如果没有地面观测,也可以用气象参数作输入,如云量、温度和水汽等,用辐射传输模式来估算地表辐射(Marion 和 Wilcox,1994)。这一类方法已经面世多年,而且技术可靠。例如,美国国家太阳辐射数据库(National Solar Radiation Data Base,NSRDB)就是用辐射传输模式计算得到的(George et al. ,2007)。NSRDB 是一个用 Maxwell METSTAT(Meteorological-Statistical)辐射传输模式建立的逐小时数据集,最初的版本包含了全美 239 个站点 1961—1990 年间的数据。METSTAT 用云量、水汽、臭氧和气溶胶光学厚度信息计算晴空和多云条件下的大气透射消光。理想情况下,模式中的云信息可用人工观测的云量信息,包括总云量和不透明云量。近年来,垂直云幂仪在机场得到了广泛应用,不过这种自动观测方法降低了云量观测结果的准确度。利用辐射传输模式求得大气透射消光后,便可以进一步求解地面的 DNI、GHI 和 DHI。METSTAT 模式有一个修正版,被称作 CSR(Climatological Solar Radiation)模式(Maxwell et al. ,1998),该模式用云信息计算 DNI、GHI 和 DHI 的月平均日总量。其中,云信息来自美国空军云分析系统(Real Time Nephanalysis,RTNEPH)。RTNEPH 的云信息来自地面观测数据和极轨卫星估算数据,空间分辨率 40km。NSRDB 经过更新后,加入了 1991—2005 年间的 GHI 和 DNI 数据(Wilcox et al. ,2007)。新版数据库中 1991—1997 年间的资料仍然是用 METSTAT 模式计算求得的,使用的云观测资料和原版中的类似。不过,1998—2005 年间的资料不是用辐射传输模式求算的,而是来自卫星模式输出的逐小时数据。

4.3　基于卫星资料的反演方法

在过去 30 年,利用卫星资料反演 GHI 主要是为了研究气候(Justus et al. ,1986)。卫星反演地面太阳辐射的基本思路是用观测的 TOA 辐亮度和反照率资料,计算 GHI 和 DNI。具体方法主要分为统计经验法和物理法(Pinker et al. ,1995;Schmetz,1989)。统计经验法主要基于卫星观测和地面观测之间的统计关系。物理法先用卫星信息反演对辐射传输影响最大的大气属性,然后用属性信息估算地面辐射。经验法通常只能估算 GHI,若要用 GHI 计算 DNI 需要其他模式辅助。

4.3.1　卫星覆盖范围

(1)地球静止轨道卫星

赤道附近的地球静止轨道卫星可以实现对地连续观测。由于地球存在曲率,其观测范围可以达到南北纬 66°(图 4-1)。以 GOES(Geostationary Operational Environmental Satellite)系列卫星为例,该系列卫星对北美和南美地区的成像间隔为 3h,对包括美国在内的北半球其成像间隔为 30min。当两颗 GOES 卫星同时运行时(GOES-East 或 GOES-12 和 GOES-West 或 GOES-11),则可以提供时间分辨率为 30min 的全美影像。目前,GOES 卫星搭载的成像仪可以测量 5 个波段。其中,可见光通道(0.64μm)的分辨率为 1km,红外通道(3.9μm、6.5μm、10.7μm 和 12μm)的分辨率为 4km。预计 2015 年发射的下一代 GOES 卫星将搭载 ABI(Advanced Baseline Imager),新仪器可以通过 16 个通道(6 个可见光和近红外通道)实现 5min 一次的对地观测,空间分辨率可达 1km。EUMETSAT(European Organisation for the Exploitation of Meteorological Satellites)运营的 METEOSAT 系列卫星,可以覆盖欧洲、非洲和印度洋地区。第一代 METEOSAT(本系列有 7 颗卫星)上搭载的可见光和红外成像仪在可见光、水汽和红外区共有 3 个通道。其中,可见光通道的星下点水平分辨率为 2.5km,红外通道的星下点水平分辨率为 5km。扫描频率为每 30min 一幅图像。MSG(Meteosat Second Generation)系列卫星(即第二代 METEOSAT,从 METEOSAT 8 开始)上的 SEVIRI(Spinning Enhanced Visible and Infrared Imager),可以通过 11 个通道实现 15min 一次的对地观测,空间分辨率为 3km(Schmetz et al.,2002)。其中,第 12 通道为高分辨率可见光通道,星下点水平分辨率为 1km。此外,日本 MTSAT(Multi-functional Transport Satellite)卫星可以通过 5 个通道对东亚和西太平洋地区实现 4km 空间分辨率和 30min 时间分辨率的连续观测。它是 1977 年开始服役的日本 GMS(Geostationary Meteorological Satellite)系列卫星的替代产品。

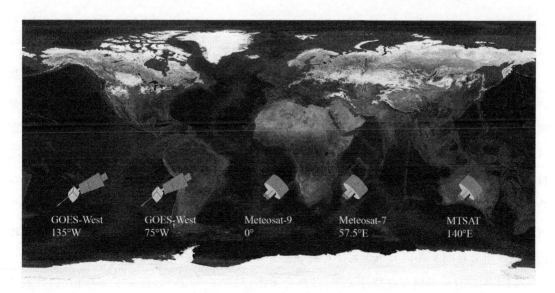

图 4-1　当前覆盖全球的地球静止轨道卫星位置(见彩图)

(图片来源:NOAA)

（2）极轨卫星

极轨卫星也可以用于对地连续观测、反演云的特性和地表太阳辐射。此类仪器的代表是 NOAA 系列卫星上搭载的 AVHRR（Advanced Very High Resolution Radiometer）。另一个例子是美国国家航空航天局（National Aeronautics and Space Administration，NASA）Aqua 和 Terra 卫星上搭载的 MODIS（Moderate Resolution Imaging Spectroradiometer）。尽管极轨卫星能够覆盖全球，但成像时间受到了限制。由于轨道的特殊性，对低纬度地区，这类卫星一天只能覆盖一次。

4.3.2　基于卫星资料的经验方法

反射到太空的太阳辐射与到达地表的辐射之间存在很好的相关性。经验法的原理就是建立卫星和地面同步观测之间的回归关系（Cano et al.，1986；Hay et al.，1978；Paris 和 Tarpley，1986；Tarpley，1979）。Hay 等（1978）建立的回归模式，将大气透射率同 TOA 入射与出射辐射比联系在一起，然后用大气透射率求解 GHI。这类方法的回归系数随地点变化很大，为了得到精确的结果需要用地面观测对模式进行统计训练。同样，Tarpley 方法（Tarpley，1979）也适用地面辐射、TOA 辐射（向上和向下）和大气透射率之间的关系来建立回归方程。之后，根据天空条件将回归方程的应用场景分为晴空、局部有云和多云三种。

4.3.3　基于卫星资料的物理模式

物理模式的一般原理是用辐射传输理论直接估算地表辐射。辐射传输计算可以只针对单一的宽带也可以考虑不同的波段。因此，物理模式分为宽带模式和光谱模式两类。

Gautier 等（1980）的方法就是一种宽带法。该方法首先根据多天观测的卫星像素阈值将天空分为晴空和多云两种状态，然后用晴空和多云模式求解地表的 DNI 和 GHI。最早的晴空模式只有水汽和瑞利散射两个信息，后来陆续加入了臭氧（Diak 和 Gautier，1983）和气溶胶（Gautier 和 Frouin，1984）信息。Dedieu 等（1987）开发了一种先用影像时间序列确定晴空条件，然后再计算地表反照率的方法。这种方法假定晴空和多云条件下的大气衰减是一致的，综合考虑了云和大气的影响。后来，Darnell 等（1988）开发了一种参数化模式，用 TOA 日射、大气透射率和云层透射率的乘积计算地表辐射。随着极轨卫星数据的发展，这类模式可利用地面和卫星组合观测来确定云层透射率与行星反照率之间的关系。

GHI 和部分云量间存在统计关系，以此为前提，Möser 等（1983）开发了一种模式，并利用这一模式和 METEOSAT 数据对欧洲地区的太阳辐射进行了估算。其中，部分云量信息和可见光通道的卫星观测之间存在函数关系，晴空和阴天条件则通过辐射传输模拟确定（Kerschegens et al.，1978）。后来，Stuhlmann 等（1990）对模式进行了改进，考虑了高程、其他大气成分以及多次反射。Pinker et al.(1985)开发了一种谱模式,它将太阳光谱分为 12 个波段,并将 Delta－Eddington 辐射传输(Joseph et al.,1976)应用于 3 层大气。该模式的主要输入是云光学厚度,有多种不同的数据来源。之后,Pinker et al.(1992)对该模式做了进一步改进,加入了 ISSCP(International Satellite Cloud Climatology Project)中的云信息(Schiffer 和 Rossow,1983)。还有一种物理方法,是由 Stowe et al.(1999)开发的,它用多通道卫星信息资料反演云特性,然后用辐射传输模式计算 DNI 和 GHI。这一方法也被称为 Clouds,名称源自 AVHRR,最初是为 NOAA 极轨卫星研发的(Stowe et al.,1999)。从 GOES 卫星开始, AVHRR 获取云特性的能力得到了提升(Heidinger,2003;Pavlonis et al.,2005)。有了云信息后,用 Pinker 等(1992)的辐射传输模式就可以求解地表辐射了。

由于计算成本较低,经验模式和半经验模式(下一小节介绍)已经被广泛地应用于地表辐射估算。物理模式计算成本较高,不过,它们能通过新型卫星(如 MSG 卫星)的附加通道更好地反演云特性,进而改善对地表辐射的估算。

4.3.4　基于卫星资料的半经验模式

卫星观测的反射率经过标准化后,与地表 GHI 之间存在很好的相关性。因此,可以通过卫星观测反演地表辐射。我们把这一类混合方法称为半经验模式。

大气顶辐射和地表辐射之间的收支方程可以用于计算可见光卫星影像上的云量指数。然后,这些指数可以用来订正晴空条件下的 GHI,并据此估算出真实状况下的 GHI。Diabate 等 (1988)和 Moussu 等(1989)先后对 Cano 模式做过改进。经过改进的 Cano 模式已被业务化应用。例如,卫星模式 Heliosat 就是用 Cano 模式和 METEOSAT 资料开发的。Heliosat 模式生成的商业太阳能资源数据可以通过 Ecole des Mines de Paris 购买(见第 5 章)。像 Perez 等 (2002)开发的一些模式也是由 Cano 等(1986)演化而来的。这些模式被广泛地应用于 GHI 和 DNI 的估算。Perez 等(2002)模式制作的 1998—2005 年美国地区数据可以通过 NREL 免费获取,2005 年之后的数据需要购买。

4.4　当前可用的业务模式

4.4.1　NASA/GEWEX SRB 数据集

为了满足世界气候研究计划(World Climate Research Programme,WCRP)的需求,Whitlock et al.(1995)利用 ISCCP C1 数据集中的云信息开发了一款全球辐射数据集 NASA/ GEWEX SRB,空间分辨率为 250km×250km(约 2.5°×2.5°),时间分辨率为 3h(Schiffer 和

Rossow,1983;Zhang et al.,2004)。ISCCP C1 数据也是 Pinker et al.(1992)模式和 Darnell et al.(1988)模式的输入。

目前,NASA/GEWEX SRB 3.0 正式版可以通过 NASA 网站获取,它包含全球范围内的逐 3h、逐日和逐月地表长波和短波辐射参数,以及 3h 平均值和月均值,空间分辨率为 1°×1° (http://eosweb.larc.nasa.gov/PRODOCS/srb/ table_srb.html)。模式的主要输入有:

(1)通过 ISCCP DX 资料得到的可见光辐亮度、红外辐亮度、云特性和地表属性;

(2)用 NASA GMAO GEOS-4 再分析资料得到的温度廓线和湿度廓线;

(3)来自 NASA TOMS、NOAA TOVS 和 NOAA/CPC SMOBA 资料的臭氧柱总量。

SRB 数据集也可以通过 NASA SSE 网站在线获取(http://eosweb.larc.nasa.gov/ sse/),这一版本更适用于可再生能源行业。同样,NASA CERES 计划网站也提供该数据集的下载服务(http://eosweb.larc.nasa.gov/PRODOCS/ceres/table_ceres.html)。此外,用户还可以通过 NASA FLASHFlux 计划网站下载 SRB 数据集的实时资料(http://eosweb.larc.nasa.gov/PRODOCS/flashflux/table_flashflux.html)。CERES 和 FLASHFlux 项目中用到的全球观测皆来自 CERES 和 MODIS 资料。表 4-1 列出了 WMO BSRN 观测资料和 NASA SSE SRB 数据集月均值之间的相对误差和均方根误差。NASA SSE SRB 数据集资料的精度和方法请参考 SSE 官方网站。

表 4-1　1983 年 7 月至 2005 年 6 月 NASA SSE SRB 数据集和 BSRN 观测资料月均值之间的回归分析对照结果(相对误差和均方根误差)

参数	范围	相对误差(%)	均方根误差(%)
GHI	全球	−1.01	10.25
	两极方向 60°	−1.18	34.37
	赤道两侧 60°	0.29	8.71
DHI	全球	7.49	29.34
	两极方向 60°	11.29	54.14
	赤道两侧 60°	6.86	22.78
DNI	全球	−4.06	22.73
	两极方向 60°	−15.66	33.12
	赤道两侧 60°	2.40	20.93

4.4.2　DLR-ISIS 模式

与 NASA SSE 数据集相似,DLR−ISIS 数据集(www.pa.op.dlr.de/ISIS/)是一个 DNI 和 GHI 数据集,空间分辨率为 280km×280km,时间分辨率为 3h。它以 ISCCP 云产品为基础,覆盖了 1983 年 7 月至 2004 年 12 月 21 年间的数据。其中,DNI 和 GHI 是由双流辐射传输模式计算得到的(Kylling et al.,1995)。太阳光谱中的大气吸收由相关 k 方法计算得到(Kato et al.,1999)。水云的散射和吸收使用 Hu 和 Stamnes(1993)的参数化方案求解。冰晶云特性出自 Yang 等(2000)和 Key et al.(2002)。水云和冰晶云的固定有效半径分别设定为 $10\mu m$ 和 $30\mu m$。这里用到的辐射传输算法和参数化方案在辐射传输库 libRadtran 中都有收录(Mayer 和 Kylling,2005,www.libradtran.org/doku.php)。利用 ISCCP 云产品和 libRadtran 建立 DLR－ISIS 数据集的完整方法,由 Lohmann 等(2006)提出。用于提取辐射数据的云数据来自 ISCCP FD 输入数据集(Zhang et al.,2004),它以 ISCCP D1 云数据为基础(更多关于云数据集的信息,请查阅 ISCCP 主页:http://isccp.giss.nasa.gov)。ISCCP FD 数据集在 280km×280km 的等面积网格上,提供了逐 3h 的云观测数据,由 72 个纬度带上的 6596 个网格组成,每一个纬度带的跨度为 2.5°。DLR-ISIS 数据集的网格设置与 ISCCP FD 是一致的。

ISCCP 将云分为 15 种类型,包含低云、中云和高云三个高度,每一高度对应一个光学厚度区间。低云和中云又进一步被划分为水云和冰晶云;高云则几乎都是冰晶云。

ISCCP 数据集中给出的光学厚度、云顶气压和云相,经过处理后,生成了 DLR-ISIS 辐射传输计算所需的云数据。在进行辐射传输计算时,针对每一种类型的云,均假设云层 100% 覆盖,同时附加一次晴空条件下的计算。最终的辐照度结果是有云和晴空条件下的加权值。

4.4.3　HelioClim

HelioClim 是用 Heliosat 方法和 METEOSAT 资料(www.soda-is.com/eng/help/helioclim_eng.html)创建的数据库(Rigollier et al.,2004)。其中,Heliosat 方法以 Cano et al.(1986)的工作为基础。HelioClim 数据库覆盖了欧洲、非洲、地中海盆地、大西洋和印度洋的部分地区,由法国国立巴黎高等矿业学校(Mines Paristech)开发。HelioClim 产品可以通过 SoDa Service 网站获取(www.soda-is.com/eng/index.html)。后来,在欧盟委员会部分资助下,法国国立巴黎高等矿业学校于 2002 年 11 月又开发了 Heliosat-2 方法。Heliosat-4 则由法国国立巴黎高等矿业学校与德国宇航中心共同开发完成。表 4-2 展示了 1994—1997 年 HelioClim 模拟数据与欧洲、非洲地面观测数据之间的代表性差异(Lefe'vre,2007)。

表 4-2　1994—1997 年 HelioClim 与地面观测资料月均值之间的相对误差和均方根误差

参数	范围	相对误差	均方根误差(%)
GHI	欧洲	−9%～−1%	25
	非洲	−3%～+4%	18

4.4.4　SOLEMI

SOLEMI 是由德国宇航中心(Deutschen Zentrums für Luft-und Raumfahrt,DLR)提供的一项辐照度数据商业服务。这些数据是用 Meteosat 卫星图像提取的。SOLEMI 的 GHI 和 DNI 数据可以覆盖欧洲和非洲(1991—2005 年),以及亚洲(1999—2006 年),时间分辨率 1h,空间分辨率 2.5km。SOLEMI 的方法是 Heliosat 方法的修改版(Beyer et al. ,1996),详情可见 http://wdc. dlr. de/。

4.4.5　Perez/清洁能源研究所

用于计算 GHI 和 DNI 的 Perez SUNY 模式(Perez et al. ,2002)是根据大气透射率与大气层顶行星反照率之间的比例关系开发的一种方法(Schmetz,1989)。目前,这种方法已被应用于 GEOS 卫星资料,相关产品可通过 Clean Power Research 网站(www. cleanpower. com)获取。Perez SUNY 模式在利用星基测量的辐亮度时,假定可见光影像中的高亮度代表云层,低亮度代表更加晴朗的状态。以下是该方法的概述,其他细节读者可参考 Perez 等(2002)。Perez SUNY 模式的计算步骤如下:

(1)用太阳天顶角对卫星测量进行归一化,以消除太阳的几何影响;

(2)用时间序列信息为每一个像素创建卫星测量的动态值域;

(3)用步骤(2)中的像素动态范围进行缩放,计算图像中每个像素的云指数;

(4)使用 SOLIS 模式(Mueller et al. ,2004)制作晴空下的 GHI 图(GHIclr);

(5)利用云指数对晴空下的总辐射 GHIclr 进行调整,求得 GHI;

(6)通过 DIRINT 模式(Perez et al. ,1992),分别用 GHIclr 和 GHI 求得晴空下的直接辐射 DNIclr 和 DNI;

(7)以水汽、臭氧和气溶胶光学厚度作输入信息,用 Bird 模式求得晴空下的法向直接辐射(DNIclr_Bird),Bird 估算的 DNIclr_Bird 比前述的 DNIclr 更准确;

(8)用步骤(6)得到的 DNI 和 DNIclr 之比,对 DNIclr_Bird 进行调整,求得 DNI。

上述步骤利用卫星可见光影像计算 DNI 和 GHI。额外的修正和辅助数据可以让产品更加精确:

(1)用 NSIDC 积雪信息,重置动态值域的下限;

(2)用 USGS DEM 中的高程信息调整大气光学厚度;

(3)调整动态值域的下限以应对高 AM(air mass)带来的影响;

(4)调整由太阳和卫星之间角度引起的镜面反射;

(5)通过非线性转换,将云指数调整至晴空指数,并将晴空指数应用于 GHI 的计算。

4.4.6　3-Tier 太阳能数据集

3-Tier 数据集作为一款新的产品，已经可以业务化应用。它采用 Perez et al.（2002）方法，可提供 1997 年至今的西半球数据，空间分辨率为 3km（White paper，2009a）。印度地区的数据始于 1999 年，分辨率相同（White paper，2009b）。澳大利亚地区的数据则从 1998 年开始，空间分辨率同样为 3km（White paper，2009c）。

4.4.7　SolarGIS

SolarGIS 是一种可对 GHI 和 DNI 进行高性能计算的新型模式。它已经被应用于 MSG 卫星覆盖的区域，如欧洲、非洲和中东地区。SolarGIS 以 Heliosat-2 计算方案（Hammer et al.，2003）和 Perez et al.（2002）模式为基础。MSG 卫星资料的全时空分辨率业务化处理也是采用这一模式。

此模式由 GeoModel 开发（Cebecauer et al.，2010）。它的优势包括：

（1）用多光谱卫星信息改进冰雪/陆地/云信号的分类；

（2）用于寻找下限的新算法，用来保留日变率；

（3）后向散射订正；

（4）动态值域的上限可变以及云指数的计算；

（5）包含了 SOLIS 晴空模式的精简版；

（6）用高分辨率 DEM 降尺度，以包含太阳辐照度的局地变率。

特别是应用了以下算法：

（1）晴空模式：宽带 SOLIS 晴空模式的精简版（Ineichen，2008）；

（2）卫星模式：Heliosat 模式的修改版（Perez et al.，2002），可处理多光谱 MSG 数据，对冰雪分类和对云指数的计算性能也得到了改善；

（3）积雪探测：（Dürr 和 Zelenka，2009）；

（4）DHI：Perez 模式（Perez et al.，1987）；

（5）DNI：DirIndex 模式（Perez et al.，1992；Perez et al.，2002）；

（6）地形分解：（Ruiz-Arias et al.，2010）。

4.4.8　NOAA 全球地表辐射计划

目前，NOAA 正在运行一个物理模式（www.osdpd.noaa.gov/ml/land/gsip/index.html），它可以计算北半球的 GHI，空间分辨率约为 12km。这个模式生成的产品叫做 GSIP（GOES Surface Insolation Product）。它的算法分为两个步骤：

(1)用多通道 GOES 卫星信息和辅助数据集反演云的特性,输入数据包括积雪、地表反照率和数字高程(Heidinger,2003);

(2)用第一步得到的云特性计算 GHI(Lazslo 和 Pinker,1992;Laszlo et al.,2008)。

开发 GSIP 产品的初衷是为了估算海平面温度,并将其用于珊瑚白化研究和数值天气预报。由于这个产品有能力生成 DNI,经过修改后它可以用于 CSP 工业。不过,正式产品中 DNI 并没有保留(Istvan Laszlo,私人通信)。

4.5　晴空模式

4.5.1　Bird 模式

Bird 晴空模式(Bird 和 Hulstrom,1981)是一种宽带算法,可估算晴空下的直接辐射、半球散射辐射和水平面总辐射。此模式以辐射传输计算的参数化方案为基础,由简单的代数式组成,其计算结果与辐射传输模拟结果的偏差在 ±10% 以内。Bird 模式有 10 个用户输入参数,可以计算一年内每 1h 的平均太阳辐射。不过,气溶胶光学厚度、臭氧和水汽等大气参数在一年中是固定不变的。Bird 模式也是 METSTAT 模式的重要组成部分,与原版相比,仅有一些小的改动。两个模式的性能都经过严格的评估,并与其他算法做过对比(Gueymard,1993,2003a,2003b;Gueymard 和 Myers,2008)。

4.5.2　ESRA 模式

ESRA(European Solar Radiation Atlas)是另一种晴空模式。Heliosat-2 是一种用卫星资料反演 GHI 的模式。作为 Heliosat-2 的重要组成部分,ESRA 以瑞利光学厚度、海拔及林克浑浊度因子为输入,计算 DNI、GHI 和 DHI。

4.5.3　SOLIS 模式

SOLIS(Solar Irradiance Scheme)模式(Mueller et al.,2004)是一种简单的晴空模式,它通过朗伯—比尔定律的近似式,计算 DNI、GHI 和 DHI:

$$I = I_0 \exp(-\tau) \tag{4-1}$$

式中,τ 是大气光学厚度;I_0 是大气顶的直接辐射;I 是单色波长在地表的 DNI。

对方程进行修改,解决倾斜路径问题后,就可以计算 GHI 和 DHI 了。修改后的朗伯—比尔关系式(Mueller et al.,2004)如下:

$$I(SZA) = I_0 \exp(-\tau_0 / \cos^{\alpha}(SZA)) \tag{4-2}$$

式中，$I(SZA)$是与经验因子 α 相关的辐照度；α 可用于计算 DNI、DHI 或 GHI（计算 DNI 时，$\alpha=1$）；τ_0 是垂直宽带大气光学厚度；SZA 是太阳天顶角。

朗伯—比尔方程是一种解决单色 DNI 的简单关系式，仅受大气衰减的影响。另一方面，DHI 和 GHI 是宽带值，其中包含来自被大气散射的能量。如 Mueller et al.（2004）所述，经验因子 a 是用来调整 GHI 和 DHI 计算的。

4.6　模式的不确定度和验证

卫星测量和地面资料之间的精度对比非常重要。卫星资料通过云和气溶胶信息估算某一地区的地表辐射，而地面观测则是用一台仪器从一个点观察天空。如果卫星像素太小，就会在对比中引入视差。同样，当云随距离变化很快时，地形效应也会影响对比。根据 Perez et al.（1987），卫星反演数据的精度在 10%～12%。根据 Renné et al.（1999）和 Zelenka et al.（1999）的研究，特定地点对比的 RMSE 至少为 20%，特定时间的单像素精度按小时平均为 10%～12%。

前面提及的各种经验和理论方法都经过相关的精度测试。精度评估尚无标准方法，大多数作者给出的均方根值（root mean square deviation，RMSD）和相对误差是能量单位或百分数。例如，Darnell et al.（1988）的物理模式用 ISCCP C1 数据的云信息计算地表辐射，然后将结果与 WRDC 地面观测资料进行了对比（Darnell 和 Staylor，1992）。对比结果显示，RMSD 大约为 $16W/m^2$，平均偏差大约为 $4W/m^2$（见表 4-3—表 4-6）。应当注意的是，许多研究报告中的误差解释也取决于所用资料的时空分辨率。

表 4-3　卫星模式——经验/统计模式的应用和验证结果汇总（Renné et al.，1999）

参考文献	目标	卫星数据/研究时段	地点/分辨率	方法	准确度
Nullet，1987	热带太平洋地区的 GHI	ESSA 1,3,5,7；ITOS I，NOAA1,2/1965 年 2 月至 1973 年 1 月	热带太平洋地区/月均，2.5km×2.5km	Sadler et al.（1976）的云量数据；2 个辐照度模式	三个岛（年均）−0.5%～+4.4%
Shaltout and Hassen，1990	日 GHI 和日 DHI 的季节变化图	METEOSAT 11:00 LST 云图	埃及，一次观测/日均，2.5km×2.5km（可见光）和 5km×5km（红外）	用 24 个地面站做线性回归	GHI：±7.0% DHI：±12.5%
Delorme et al.，1992	每天的实时影像	METEOSAT 可见光/1990 年 3 月 15 日—6 月 30 日	法国南部/日均 367km×725km	用 Gistel 模式处理 WEFAX 影像	通常精度不高
Ben Djemaa and Delorme，1992	与 7 个地面台站对比	METEOSAT B2/1985 年 10 月—1986 年 9 月	突尼斯/日均 30km×30km	用 Gistel 模式处理 B2 数据求解日值	0%～10%（51% 的数据）−10%～0%（38% 的数据）

表 4-4　卫星模式——经验/物理模式的应用和验证结果汇总（Renné et al. ,1999）

参考文献	目标	卫星数据/研究时段	地点/分辨率	方法	准确度
Nunez,1990	澳大利亚城市太阳能	GMS/1986—1988 年	8 个澳大利亚城市/日均 219km×177km	作者提供的简单物理模式	<10%（6 个城市）>10%（2 个城市）
Tarpley,1979	用 GOES 卫星资料提取 GHI	1997 年夏季	美国大平原地区/逐时影像得到的日总量 50km×50km	与地面站的经验关系,结合物理模式	RMSE<10%（日均）RMSE<20%（1 幅影像/日）
Klink and Dollhopf,1986	俄亥俄地区资源评估	GOES1982 年	俄亥俄州 8 个站/50km×50km	Tarpley,1979	RMSE:10%～12%（无积雪覆盖）MBE:−3.5%
Czeplak et al. ,1991	对比 Tarpley 方法	METEOSAT 可见光/1986 年 11 月	德国西部地区/8km×8km	Tarpley,1979	RMSE(日均):21%RMSE(月均):11%
Frulla et al. ,1988	阿根廷地区太阳辐射	GOES-E/1982—1983 年	阿根廷北部地区/日均 1km×1km	Tarpley,1979	RMSE:（日均）10%～15%RMSE:（逐时）25%
Diabate et al. ,1989	建立一个 HE-LIOSAT 站	METEOSAT/1983—1985 年	欧洲和地中海东部/逐时	HELIOSAT（Cano et al. ,1986;Moussu et al. ,1989)	RMSE:0.06kWh/m²

表 4-5　卫星模式——宽带理论模式的应用和验证结果汇总（Renné et al. ,1999）

参考文献	目标	卫星数据/研究时段	地点/分辨率	方法	准确度
Frouin et al. ,1988	Gautier 方法与 5 个经验模式做对比	GMS/1986—1988 年	8 个澳大利亚城市/日均 219km×177km	Gautier et al. (1980) 方法,并做了一定改进	RMSE(日均):12.0W/m²MBE:−4.9W/m²
Gautier,1988	大洋地区的 GHI	1997 年夏季	美国大平原地区/逐时影像得到的日总量 50km×50km	Gautier et al. (1980) 方法,并做了一定改进	RMSE（日均）:12W/m² 或 5%MBE:−6W/m²
Darnell et al. ,1988	用太阳同步卫星估算 GHI	GOES 1982 年	俄亥俄州 8 个站/50km×50km	用太阳同步卫星估算 GHI 的技术	RMSE:19.2%（日均）,2.7%（月均）
Dedieu et al. ,1987	用 METEOSAT 资料计算 GHI 和反照率	METEOSAT 可见光/1986 年 11 月	德国西部地区/8km×8km	大气顶辐射和卫星资料的物理关系	RMSE:19.5%（逐时,正午）;6.7%（月均）

　　K-S 检验（Kolmogorov-Smirnov test）是一种非参数检验方法,它不依赖总体分布,可以比较两组不同来源数据的分布,经常被用于卫星模拟 GHI 和 DNI 的地面验证。由于其过程严谨,目前获得了较为广泛的认可（Massey Jr. ,1951）。

　　如何详细分析不确定度超出了本书的范围。不过,明确不确定度的来源十分重要。对于

GHI 和 DNI 评估,大气中的气溶胶光学厚度是一个重要问题。根据成分的不同,气溶胶可以散射、吸收,或同时散射和吸收 DNI。这种相互作用称为大气消光。吸收和散射的比例取决于气溶胶的类型。例如,矿物粉尘是一种以散射为主的气溶胶,而黑碳的吸收性很强。因此,计算 DNI 时,只需要气溶胶消光信息即可。如果要让 GHI 计算得更准确,那么还需要提供散射和吸收信息。气溶胶光学厚度随波长变化,使用单一的宽带气溶胶光学厚度会引入额外的不确定度。气候学上的气溶胶光学厚度可用于资源评估,但有时会导致较大的 DNI 误差。对于经常焚烧生物质、城市空气污染严重和沙尘暴高发的地区,气候学上的气溶胶光学厚度资料会对偶发事件产生平滑效果,最终造成对 DNI 的高估。

使用卫星可见光影像,很难区分云和地面积雪。因为积雪反射太阳光的能力很强,在卫星影像上可能会被误解译为云层,这会造成对 GHI 和 DNI 的低估。要解决这个问题,可以同时使用可见光和红外区的多个通道。

镜面反射,比如白天某些时段沙漠表面的反射,在卫星图像上可能被误解译为多云,并造成对 GHI 和 DNI 的低估。要解决这个问题,可以估算镜面反射的理论概率,并把它考虑到地表辐射的计算中。

表 4-6 卫星模式——光谱理论模式的应用和验证结果汇总(Renné et al.,1999)

参考文献	目标	卫星数据/研究时段	地点/分辨率	方法	准确度
Möser and Raschke,1984	欧洲地区太阳辐射	METEOSAT-I-II,1979 年 6 月和 1982 年 4 月	欧洲地区/日均(3~6 幅影像/日) 25km×25km	归一化的反射辐亮度;双流辐射传输模式	RMSE(月均):5%~6% RMSE(日均):10%~14% 日均 RMSE<20%(无积雪),日均 RMSE>20%(有积雪)
Stuhlmann et al.,1990	改进 IGMK 模式(Möser 和 Raschke,1983)(云透射率)	METEOSAT ISCCP B2	欧洲,非洲,非洲西南地区 30~50km	解决了地表与大气间的多次反射;改进的晴空算法	月平均值一般在 ±10% 以内(欧洲地区更好)
Pereira et al.,1996	地表 GHI	METEOSAT-II 1985—1986 年	巴西 月均	IGMK 模式(Sthuhlman et al.,1990)	RMSE:13% MBE:-7%
Raschke et al.,1991	非洲太阳辐射地图集	METEOSAT ISCCP B2 1985—1986 年	非洲:30~50km(IGMK),2.5km(HELIOSAT)月均(来自逐 3h 资料)	IGMK(HELIOSAT 仅应用于西非部分地区)	RMSE(月均):-8%~16% MBE(月均):-2%~8%
Pinker and Laszlo,1992	估算的全球地表辐射收支	ISCCP C1(基于 ISCCP B3)1983 年 7 月	全球 2.5°×2.5°	Pinker and Ewing,1985	全球范围内基本一致

参考文献

Augustine J A, Deluisi J, Long C N, 2000. SURFRAD-A National Surface Radiation Budget Network for Atmospheric Research[J]. Bulletin of the American Meteorological Society, 81:2341-2357.

Ben Djemaa A, Delorme C, 1992. A Comparison Between One Year of Daily Global Irradiation from Ground-Based Measurements Versus METEOSAT Images from Seven Locations in Tunisia[J]. Solar Energy, 48 (5):325-333.

Beyer H, Costanzo C, Heinemann D, 1996. Modifications of the HELIOSAT Procedure for Irradiance Estimates from Satellite Images[J]. Solar Energy, 56:207-221.

Bird R E, Hulstrom R L, 1981. A Simplified Clear-Sky Model for Direct and Diffuse Insolation On Horizontal Surfaces[R]. SERI/TR-642-761, Golden, CO: Solar Energy Research Institute.

Cano D, Monget J M, Albuisson M, Guillard H, Regas N, Wald L, 1986. A Method for the Determination of the Global Solar Radiation from Meteorological Satellite Data[J]. Solar Energy, 37:31-39.

Cebecauer T, Suri M, Perez R, 2010. High Performance MSG Satellite Model for Operational Solar Energy Applications[C]. Proceedings of the ASES Annual Conference, Phoenix, AZ.

Czeplak G, Noia M, Ratto D F, 1991. An Assessment of a Statistical Method to Estimate Solar Irradiance at the Earth's Surface from Geostationary Satellite Data[J]. Renewable Energy, 1:737-743.

Darnell W L, Staylor W F, 1992. Seasonal Variation of Surface Radiation Budget Derived from International Satellite Cloud Climatology Project C1 Data[J]. Journal of Geophysical Research, 97(15):741-760.

Darnell W L, Staylor W F, Gupta S K, Denn M, 1988. Estimation of Surface Insolation Using Sun-Synchronous Satellite Data[J]. Journal of Climate, 1:820-835.

Dedieu G, Deschamps P Y, Kerr Y H, 1987. Satellite Estimation of Solar Irradiance at the Surface of the Earth and of Surface Albedo Using a Physical Model Applied to Meteosat Data[J]. Journal of Climate and Applied Meteorology, 26:79-87.

Delorme C, Gallo A, Oliveiri J, 1992. Quick Use of WEFAX Images from METEOSAT to Determine Daily Solar Radiation in France[J]. Solar Energy, 49(3):191-197.

Diabate L, Demarcq H, Michaud-Regas N, Wald L, 1988. Estimating Incident Solar Radiation at the Surface from Images of the Earth Transmitted by Geostationary Satellites: The Heliosat Project[J]. International Journal of Solar Energy, 5:261-278.

Diak G R, Gautier C, 1983. Improvements to a Simple Physical Model for Estimating Insolation from GOES Data[J]. Journal of Climate and Applied Meteorology, 22:505-508.

Dürr B, Zelenka A, 2009. Deriving Surface Global Irradiance Over the Alpine Region from METEOSAT Second Generation Data by Supplementing the HELIOSAT Method[J]. International Journal of Remote Sensing, 30:5821-5841.

Frouin R, Gautier C, Katsaros K B, Lind R J, 1988. A Comparison of Satellite and Empirical Formula Techniques for Estimating Insolation Over the Oceans[J]. Journal of Applied Meteorology, 27:1016-1023.

Frulla L A, Gagliardini D A, Grossi Gallegos H, Lopardo R, 1988. Incident Solar Radiation on Argentina from the Geostationary Satellite GOES: Comparison with Ground Measurements[J]. Solar Energy, 41 (1):61-69.

Gautier C, 1988. Surface Solar Irradiance in the Central Pacific During Tropic Heat: Comparisons Between in situ Measurements and Satellite Estimates[J]. Journal of Climate, 1:600-608.

Gautier C, Diak G, Masse S, 1980. A Simple Physical Model To Estimate Incident Solar Radiation at the Surface from GOES Satellite Data[J]. Journal of Applied Meteorology, 19:1005-1012.

Gautier C, Frouin R, 1984. Satellite-Derived Ocean Surface Radiation Fluxes[R]. Proceeding of the Workshop on Advances in Remote Sensing Retrieval Methods, Williamsburg, VA.

George R, Wilcox S, Anderberg M, Perez R, 2007. National Solar Radiation Database (NSRDB) —10km Gridded Hourly Solar Database[C]. Proceedings of the Solar 2007 Conference, Cleveland, OH (CD-ROM). Boulder, CO: ASES. NREL/CP-581-41599. Golden, CO: National Renewable Energy Laboratory.

Gueymard C A, 2003a. Direct Solar Transmittance and Irradiance Predictions with Broadband Models. Part I: Detailed Theoretical Performance Assessment[J]. Solar Energy, 74:355-379.

Gueymard C A, 2003b. Direct Solar Transmittance and Irradiance Predictions with Broadband Models. Part II: Validation with High-Quality Measurements[J]. Solar Energy, 74:381-395.

Gueymard C A, 1993. Critical Analysis and Performance Assessment of Clear Sky Irradiance Models Using Theoretical and Measured Data[J]. Solar Energy, 51:121-138.

Gueymard C A, Myers D. 2008. Validation and Ranking Methodologies for Solar Radiation Models// Badescu V. Modeling Solar Radiation at the Earth's Surface[M]. Berlin: Springer.

Hammer A, Heinemann D, Hoyer C, Kuhlemann R, Lorenz E, Muller R, Beyer H G, 2003. Solar Energy Assessment Using Remote Sensing Technologies[J]. Remote Sensing of Environment, 8:423-432.

Hay J E, Hanson K, Hanson J, 1978. A Satellite-Based Methodology for Determining Solar Irradiance at the Ocean Surface during GATE[J]. Bulletin of the American Meteorological Society, 59:1549.

Heidinger A K, 2003. Rapid Daytime Estimation of Cloud Properties Over a Large Area from Radiance Distributions[J]. Journal of Atmospheric and Oceanic Technology, 20:1237-1250.

Hu Y X, Stamnes K, 1993. An Accurate Parameterization of the Radiative Properties of Water Clouds Suitable for Use in Climate Models[J]. Journal of Climate, 6:728-742.

Ineichen P, 2008. A Broadband Simplified Version of the Solis Clear Sky Model[J]. Solar Energy, 82:758-762.

Iqbal M, 1983. An Introduction to Solar Radiation[M]. New York: Academic Press.

Joseph J H, Wiscombe W J, Weinman J A, 1976. The Delta-Eddington Approximation for Radiative Transfer [J]. Journal of Atmospheric Science, 33:2452-2459.

Justus C, Paris M V, Tarpley J D, 1986. Satellite-Measured Insolation in the United States, Mexico and South America[J]. Remote Sensing of Environment, 20:57-83.

Kato S, Ackerman T P, Mather J H, Clothiaux E E, 1999. The k-Distribution Method and Correlated-k Approximation for a Shortwave Radiative Transfer Model[J]. Journal of Quantitative Spectroscopy & Radiative Transfer, 62:109-121.

Kerschegens M, Pilz U, Raschke E, 1978. A Modified Two-Stream Approximation for Computations of the Solar Radiation in a Cloudy Atmosphere[J]. Tellus, 30:429-435.

Klink J C, Dollhopf K J, 1986. An Evaluation of Satellite-Based Insolation Estimates for Ohio[J]. Journal of Climate and Applied Meteorology, 25:1741-1751.

Kylling A, Stamnes K, Tsay S C, 1995. A Reliable and Efficient Two-Stream Algorithm for Radiative Transfer: Documentation of Accuracy in Realistic Layered Media[J]. Journal of Atmospheric Chemistry, 21: 115-150.

Laszlo I, Ciren P, Liu H, Kondragunta S, Tarpley J D, Goldberg M D, 2008. Remote Sensing of Aerosol and Radiation From Geostationary Satellites[J]. Advances in Space Research, 41:1882-1893.

Lefe'vre M, Wald L, Diabate L, 2007. Using Reduced Datasets ISCCP-B2 from the Meteosat Satellites to Assess Surface Solar Irradiance[J]. Solar Energy, 81:240-253.

Lohmann S, Schillings C, Mayer B, Meyer R, 2006. Long-Term Variability of Solar Direct and Global Irradiance Derived from ISCCP Data and comparison with Re-Analysis Data[J]. Solar Energy, 80:1390-1401.

Marion W, Wilcox S, 1994. Solar Radiation Data Manual for Flat-Plate and Concentrating Collectors[R]. NREL/TP-463-5607. Golden, CO: National Renewable Energy Laboratory.

Massey F J, Jr, 1951. The Kolmogorov-Smirnov Test for Goodness of Fit[J]. Journal of the American Statistical Association, 56:68-78.

Maxwell E L, 1998. METSTAT-the Solar Radiation Model Used in the Production of the National Solar Radiation Database (NSRDB) [J]. Solar Energy, 62:263-279.

Maxwell E L, George R L, Wilcox S M, 1998. A Climatological Radiation Model[C]. Proceedings of the Annual Conference of the American Solar Energy Society, June 14-17, Albuquerque, NM.

Mayer B, Kylling A, 2005. The libRadtran Software Package for Radiative Transfer Calculations: Description and Examples of Use[J]. Atmospheric Chemistry and Physics Discussions, 5:1855-1877.

Möser W, Raschke E, 1983. Mapping of Global Radiation and Cloudiness from METEOSAT Image Data[J]. Meteorologische Rundschau, 36:33-41.

Möser W, Raschke E, 1984. Incident Solar Radiation Over Europe Estimated from METEOSAT Data[J]. Journal of Climate and Applied Meteorology, 23:166-170.

Moussu G, Diabaté L, Obrecht D, Wald L, 1989. A Method for the Mapping of the Apparent Ground Brightness Using Visible Images from Geostationary Satellites[J]. International Journal of Remote Sensing, 10 (7):1207-1225.

Mueller R W, Dagestad K F, Ineichen P, Schroedter M, Cros S, Dumortier D, Kuhlemann R, Olseth J A, Piernavieja G, Reise C, Wald L, Heinnemann D, 2004. Rethinking Satellite Based Solar Irradiance Modelling: The SOLIS Clear Sky Module[J]. Remote Sensing of Environment, 90(2):160-174.

NREL, 1993. Users Manual for SERI QC Software: Assessing the Quality of Solar Radiation Data[R]. NREL/TP-463-5608. Golden, CO: National Renewable Energy Laboratory.

Nullett D, 1987. A Comparison of Two Methods of Estimating Insolation over the Tropical Pacific Ocean Using Cloudiness from Satellite Observations[J]. Solar Energy, 39(3):197-201.

Nunez M, 1990. Solar Energy Statistics for Australian Capital Regions[J]. Solar Energy, 44:343-354.

Pavolonis M, Heidinger A K, Uttal T, 2005. Daytime Global Cloud Typing from AVHRR and VIIRS: Algorithm Description, Validation, and Comparisons[J]. Journal of Applied Meteorology, 44:804-826.

Pereira E B, Abreu S L, Stuhlmann R, Rieland M, Colle S, 1996. Survey of the Incident Solar Radiation Data in Brazil by Use of METEOSAT Satellite Data[J]. Solar Energy, 57(2):125-132.

Perez R, Ineichen P, Moore K, Kmiecik M, Chain C, George R, Vignola F, 2002. A New Operational Satellite-to-Irradiance Model[J]. Solar Energy, 73(5):307-317.

Perez R, Ineichen P, Maxwell E, Seals R, Zelenka A, 1992. Dynamic Global-to-Direct Irradiance Conversion Models[R]. ASHRAE Transactions-Research Series, 354-369.

Perez R, Seals R, Ineichen P, Stewart P, Menicucci D, 1987. A New Simplified Version of the Perez Diffuse Irradiance Model for Tilted Surfaces. Description Performance Validation[J]. Solar Energy, 39:221-232.

Pinker R T, Ewing J A, 1985. Modeling Surface Solar Radiation: Model Formulation and Validation[J]. Journal of Climate and Applied Meteorology, 24:389-401.

Pinker R T, Frouin R, Li Z, 1995. A Review of Satellite Methods to Derive Surface Shortwave Irradiance[J]. Remote Sensing of Environment, 51:108-124.

Pinker R T, Laszlo I, 1992. Modeling Surface Solar Irradiance for Satellite Applications on a Global Scale[J]. Journal of Applied Meteorology, 31:194-211.

Pinker R T, Ewing J A, 1985. Modeling Surface Solar Radiation: Model Formulation and Validation[J]. Journal of Climate and Applied Meteorology, 24:389-401.

Raschke E, Stuhlmann R, Palz W, Steemers T C, 1991. Solar Radiation Atlas of Africa[M]. AA Balakema Publishers, Rotterdam for the Commission of European Communities, p155.

Renné D S, Perez R, Zelenka A, Whitlock C, Di Pasquale R, 1999. Advances in Solar Energy: An Annual Review of Research and Development[R]. Goswami D Y, Boer K W, eds. American Solar Energy Society, Boulder, CO.

Rigollier C, Lefèvre M, Wald L, 2004. The Method Heliosat-2 for Deriving Shortwave Solar Radiation Data from Satellite Images[J]. Solar Energy, 77:159-169.

Ruiz-Arias J A, Cebecauer T, Tovar-Pescador, Šúri M, 2010. Spatial Disaggregation of Satellite-Derived Irradiance Using a High-Resolution Digital Elevation Model[J]. Solar Energy, 84(9):1644-1657.

Sadler J C, Oda L, Kilonsky B J, 1976. Pacific Ocean Cloudiness from Satellite Observations[R]. University of Hawaii Department of Meteorology.

Schiffer R A, Rossow W B, 1983. The International Satellite Cloud Climatology Project (ISCCP): The First Project of the World Climate Research Programme[J]. Bulletin of the American Meteorological Society, 64:779-784.

Schmetz J, 1989. Towards a Surface Radiation Climatology: Retrieval of Downward Irradiances from Satellites [J]. Atmospheric Research, 23:287-321.

Schmetz J, Pili P, Tjemkes S, Just D, Kerkmann J, Rota S, Ratier A, 2002. An Introduction to Meteosat Second Generation (MSG) [J]. Bulletin of the American Meteorological Society, 83:977-992.

Shaltout M A M, Hassen A H, 1990. Solar Energy Distribution over Egypt Using METEOSAT Photos[J]. Solar Energy, 45(6):345-351.

Stowe L L, Davis P A, McClain E P, 1999. Scientific Basis and Initial Evaluation of the CLAVR-1 Global Clear Cloud Classification Algorithm for the Advanced Very High Resolution Radiometer[J]. Journal of Atmospheric and Oceanic Technology, 16:656-681.

Stuhlmann R, Rieland M, Raschke E, 1990. An Improvement of the IGMK Model to Derive Total and Diffuse Solar Radiation at the Surface from Satellite Data[J]. Journal of Applied Meteorology, 29:586-603.

Tarpley J D, 1979. Estimating Incident Solar Radiation at the Surface from Geostationary Satellite Data[J]. Journal of Applied Meteorology, 18:1172-1181.

Thøgersen M L, Motta M, Sørensen T, Nielsen P, 2007. Measure-Correlate-Predict Methods: Case Studies and Software Implementation[C]. European Wind Energy Conference, 2007.

White Paper, 2009a. 3-TIER Western Hemisphere Solar Dataset: Methodology and Validation, available[R]. http://c0402442. cdn. cloudfiles. rackspacecloud. com/static/ttcms/1. 0. 0. 16/us/ documents/publications/validations/solar_wh_validation. pdf.

White Paper, 2009b. 3-TIER Solar Dataset: India Validation, available[R]. http://c0402442. cdn. cloudfiles. rackspacecloud. com/static/ttcms/1. 0. 0. 16/us/documents/publications/validations/ solar_india_validation. pdf.

White Paper, 2009c. 3-TIER Solar Dataset: Australia Validation, available [R]. http://c0402442. cdn. cloudfiles. rackspacecloud. com/static/ttcms/1. 0. 0. 16/us/documents/publications/validations/ solar_australia_validation-final. pdf.

Whitlock C H, Charlock T P, Staylor W F, Pinker R T, Laszlo I, Ohmura A, Gilgen H, Konzelman T, DiPasquale R C, Moats C D, LeCroy S R, Ritchey N A, 1995. First Global WRCP Shortwave Surface Radiation Budget Dataset[J]. Bulletin of the American Meteorological Society, 76:905-922.

Wilcox S, Anderberg M, Beckman W, DeGaetano A, George R, Gueymard C, Lott N, Marion W, Myers D, Perez R, Renné D, Stackhouse P, Vignola F, Whitehurst T, 2007. National Solar Radiation Database 1991-2005 Update: User's Manual[R]. NREL/TP-581-41364, Golden, CO: National Renewable Energy

Laboratory.

Yang P，Liou K N，Wyser K，Mitchell D，2000. Parameterization of the Scattering and Absorption Properties of Individual Ice Crystals[J]. Journal of Geophysical Research，105：4699-4718.

Zelenka A，Perez R，Seals R，Renné D，1999. Effective Accuracy of Satellite-Derived Irradiance[J]. Theoretical and Applied Climatology，62：199-207.

Zhang Y C，Rossow W B，Lacis A A，Oinas V，Mishchenko M I，2004. Calculation of Radiative Fluxes From the Surface to Top of Atmosphere Based on ISCCP and Other Global Datasets：Refinements of the Radiative Transfer Model and the Input Data[J]. Journal of Geophysical Research，109D19105，doi：10. 1029/2003JD004457.

5　太阳能资源历史数据

5.1　引言

了解太阳能资源的长期时空变率是太阳能热发电（Concentrating Solar Power，CSP）项目评估的基础。能源政策的制定、太阳能转换技术的优化选择、地面系统的设计和项目的运维都离不开太阳能资源历史数据。太阳能资源历史数据可以通过当地实测、卫星遥感和气象模拟获取。如前面章节所述，不同类型的数据包含的信息不同，其适用性也不同。

本章概述了覆盖美国和其他代表性地区的30多种太阳能资源历史数据产品。读者可将本章看作一份太阳辐射典型数据源的清单。这份清单总结了每一种数据源的主要特性，如起始时间、时空分辨率、可用数据元素和估算不确定度。

美国国家可再生能源实验室（National Renewable Energy Laboratory，NREL）和相关机构一直致力于制作实用可靠的数据产品。不过，能否正确应用这些数据产品则取决于用户。因此，深入了解数据源，了解其制作流程和局限性，对合理利用资源数据进行分析和决策极其重要。本章将以CSP为例介绍几种数据集的应用案例及相关讨论。我们建议用户在使用太阳能资源数据和气象数据前，先阅读本章的相关内容。

太阳辐照度实测数据的时间分辨率较高，可以给出详细的当地辐射变化信息。不过，太阳辐射测站运行难度大，采集的数据无法用于常规天气预报，因此，这种地面测站的数量很少，累计观测历史也不长。以美国为例，最大的国家级逐时太阳能资源数据观测站网是拥有39个测站的美国国家海洋大气局（National Oceanic and Atmospheric Administration，NOAA）站网，该站网从1977年开始运行，止于1980年（见5.4.10节）。目前，美国有3000多个地面台站可以提供太阳辐照度实测数据，形式不一。这些台站由不同机构运行，数据质量也参差不齐（见5.4节）。

卫星观测资料和中尺度气象模式可以帮助用户了解太阳辐射资源在不同尺度上的空间变率。以美国地区为例，模式估算的GHI和DNI目前可以达到10km甚至更高的分辨率。随着时空分辨率更高的高精度太阳能资源数据需求的迅速增长，用户有必要充分了解所有可用数据的特性,尤其是历史资源数据。

5.2　太阳能资源数据特性

了解当地可用太阳能资源的特性对 CSP 项目非常重要。能源政策的制定、工程设计和系统部署不仅要参考太阳能资源历史数据,还要评估实测和模拟数据的准确度,并预报不同时间和空间尺度上的太阳辐照度水平。

实测太阳辐照度数据拥有较高的时间分辨率。实用型辐射表于 20 世纪初问世,它是在高海拔直接辐射表的基础上开发出来的(Hulstrom,1989)。为了满足农业监测需求,如地表蒸散,美国气象部门在 20 世纪 50 年代部署了全国辐射站网,用来采集水平面总辐照度。之后,辐射表的设计水平和数据采集系统的性能不断进步。太阳辐射通量观测最早采用热电堆型总辐射表,测量结果以模拟信号的形式打印在带状记录纸上,而且只能测量水平面上的日通量。如今的总辐射表和直接辐射表采用光电二极管或改进后的热电堆传感器,响应迅速,可以采集 1min 甚至更高分辨率的太阳辐射数据。这些仪器部署到区域观测站网后,可以为各种应用提供太阳能资源数据。

国际上先后使用过四种辐射表校准标尺,分别是:Ångström 标尺(ÅS 1905),Smithsonian 标尺(SS 1913),国际直接日射测量标尺(IPS 1956)和世界辐射测量基准(WRR 1979)。由于标尺间存在差异,引入的数据偏差在 2% 左右[①]。因此,1979 年之前的实测数据存在潜在的偏差,请读者注意。

在缺少实测资料的地方,可以使用太阳能资源模拟数据。模拟数据可通过地面气象观测资料或卫星观测资料计算得到,是实测数据的估算值。与实地测量不同,模拟方法能提高资源数据的空间分辨率。20 世纪 70 年代美国首次用 26 个辐射站的历史资料和 222 个气象站的常规资料对太阳能资源的时空分布进行了模拟。其中,222 个气象站都有详细的逐时云量和其他相关数据(见 5.4.2 节)。现在,卫星观测的云量数据已被用于逐时太阳辐射通量的模拟,空间分辨率可达 10km(见 5.4.23 节)。

5.3　长期和典型气象年数据集

除了资源和气象参数,数据的时间范围或记录周期对资源分析也是至关重要的。太阳能资源是波动的,周期不等,可以从几秒到数年,甚至更长。如果数据的时间跨度不小于 30 年,那么这些长期数据可以代表气候变化。通常,30 年的数据已经过滤了短期年际波动和异常现

---

① 　WRR = 1.026 × (ÅS 1905) = 0.977 × (SS 1913) = 1.022 × (IPS 1956)

象,足以反映长期气候趋势(1933 年华沙国际气象大会)。温度、气压、降水和其他地面气象变量的气候平均值(climate normal)每 10 年更新一次。最新的气候平均值是用 1971—2000 年间的数据计算得到的。

典型气象年(typical meteorological year,TMY)数据集由 8760 个逐时气象数据构成,代表特定地点的长期气象条件,如 30 年的气候平均值。由于典型气象年只包含一年的数据,项目设计方和其他用户使用起来非常方便。典型气象年分为 12 个典型气象月(typical meteorological month,TMM)。每一个典型气象月是根据变量累积频率分布的相似性选择的。目标月份的长期分布由全部数据求得。之后,将 12 个典型气象月连接起来,组成一个连续完整的年数据。典型气象年数据可以是实测数据,也可以是模拟数据。由于观测资料缺失,有些数据甚至是由填充或插值得到的。

典型气象年数据已被广泛应用于建筑设计和其他可再生能源项目。虽然典型气象年数据不能表征气象极值,但是它有昼夜和季节变化,可以代表当地一年中的典型气候条件。因此,典型气象年数据不能用于天气预报或太阳能资源预报,也不能用来评估项目的实时产能。另外,典型气象年只代表典型状况而非极端条件。因此,在天气状况比较恶劣的地区,不能用典型气象年数据设计系统和相关系统部件。

下一节将介绍三种不同版本的典型气象年数据。1978 年,美国桑迪亚国家实验室(Sandia National Laboratories)制作了第一版典型气象年数据,一共覆盖了 248 个地点。其中,天气和太阳辐射数据来自 1952—1975 年的 SOLMET/ERSATZ 数据库(Hall et al.,1978)。1994 年,NREL 利用 1961—1990 年的美国国家太阳辐射数据库(National Solar Radiation Data Base,NSRDB)(Marion 和 Urban,1995)开发了第二版典型气象年数据——TMY2。2007 年,NREL 发布了 1991—2005 年的 NSRDB 数据库(Wilcox,2007),并用这组最新的 15 年数据开发了第三版典型气象年数据——TMY3。

5.4 太阳能资源数据

本小节将以年代为顺序向读者介绍多种太阳能资源数据。

每一种数据源的属性都包含在"关键要素"中。其中,有些数据源可以直接提供法向直接辐射,其他的数据源在模式辅助下也可以通过计算间接求得法向直接辐射。

使用不同来源的太阳辐射及气象数据时,应注意以下几个关键要素。

(1)记录时段:受多种因素影响,太阳能资源存在年际变化、季节变化、月际变化、周际变化和日变化,甚至还有秒级变率。因此,对比分析中必须考虑数据时间范围不同造成的差异。比如,气候平均值以 30 年的气象资料为基础,而具有长期代表性的典型气象年数据则是通过统计分析,由多年数据得到。

(2)时间分辨率:不同的太阳能资源数据拥有不同的时间分辨率,其范围从资源制图中使用的年平均日累积辐照量(kWh/m^2)数据到业务分析中使用的逐秒采样或辐照度(W/m^2)数据。

其他考虑因素取决于数据类型:

(1)空间范围:数据所代表的空间范围,可以是一个台站,也可以是一个地理区域,甚至全球。

(2)空间分辨率:地面观测的空间分辨率可以具体到台站,卫星观测的分辨率可以达到10km甚至更高。

(3)数据要素和来源:资源数据的用途取决于可用的数据要素(如法向直接辐射)。此外,数据是实测的、模拟的,还是合成的,也很重要。

(4)数据质量控制和质量评估:观测业务描述、模式验证方法和数据订正都是关键的元数据要素。

(5)估算不确定度:注明不确定度时还应指出不确定度的计算方法。

(6)获取途径:数据是公开发行,还是需要通过购买(或者许可)获取。

(7)更新情况:是否加入了最新数据、版本修订情况以及数据库的定期更新情况等。

5. 4. 1　NCEP/NCAR 全球再分析产品

该产品来自 NCEP/NCAR(美国国家环境预报中心/美国国家大气研究中心)再分析项目,被储存在一个名为 ds090.0 的数据集中。全球再分析模式共有 28 层,空间分辨率约209km,时间分辨率6h。最初,该项目只打算再分析 40 年的数据(1957—1996 年)。不过,实际产品已经覆盖到 1948 年,而且会继续向前更新。下一步的计划是用新一代模式重新回算,并覆盖整个数据周期(Kalnay et al. ,1996;Kistler et al. ,2001)。

该产品拥有多种坐标系,变量超过 80 个,包括入射太阳辐射(水平面总辐照度)、温度、相对湿度和风的分量。在文档中,它们被放置在不同的子群里。一些特殊时段已被分析了多次,因此,该产品可为特殊研究提供数据。

该数据产品可以通过 NCAR RDA 网站获取(http://rda. ucar. edu/datasets/ds090.0/),数据集编号为 ds090.0。RDA 网站由 NCAR 的 CISL 实验室负责维护。NCAR 由美国国家科学基金会(National Science Foundation,NSF)资助。

记录时段:1948—2009 年。

时间分辨率:6h。

空间范围:全球。

空间分辨率:2.5°。

数据要素和来源:包含水平面总辐照度、位势高度、温度、相对湿度和风速 UV 分量在内的 80 多个变量;拥有多种坐标系,如 2.5°×2.5°网格上分为 17 个气压层,192×94 高斯网格上分为 28 个 σ 层,2.5°×2.5°网格上分为 11 个等熵层。

数据质量控制和质量评估:无信息。

估算不确定度:无说明。

获取途径:NCAR RDA 网站(http://rda.ucar.edu/datasets/ds090.0/)。

更新情况:每月更新。

5.4.2　SOLMET/ERSATZ

为了应对 20 世纪 70 年代中期的能源危机,NOAA 和美国能源研究和开发管理局(Energy Research and Development Administration,ERDA)(美国能源部(DOE)前身)资助了一项地面气象辐射测量数据复兴计划,并以此开发了 SOLMET 逐小时数据集。SOLMET 数据来自美国国家气象局(National Weather Service,NWS)下设的 26 个太阳辐射测站(NCDC, 1978;1979b)。额外的 ERSATZ 数据(字面含义为"次级替代数据")是用逐时或逐 3h 云量及其他气象观测资料模拟得到的,可以覆盖 NWS 下设的其他 222 个台站。开发 SOLMET/ER-SATZ 最初是为了满足太阳能工业的研发需求。该数据产品的特征如下:

——将辐射测量和气象数据融为一体;

——采用国际单位制(SI);

——时间序列中包含真太阳时和标准时两种不同的时间系统;

——用户可以在时间序列中选择与辐射观测时刻最接近的气象观测数据(例如,气象观测时刻接近太阳时的正中央);

——数据记录时间采用当地标准时,以便后期转换为太阳时;

——数据格式中包含直接辐射、倾斜面辐射、散射辐射和净辐射等太阳辐射参数,以及紫外和其他光谱区的辐射观测。以上参数在未来观测中可能会涉及,因此,在数据格式中预留了表头;

——历史辐射数据,包括地外辐射(ETR),均被转换为国际标尺(以太阳常数 $1377W/m^2$ 为标准);

——消除了格式问题,如观测记录中的打孔和空白等;

——缺失的观测已用模式估算数据补齐,如基于日照时数和云信息的回归模式;

——水平面总辐照度不仅有实测数据,还有订正数据。其中,后者经历了模式订正、仪器订正和校准订正。

SOLMET/ERSATZ 数据库中的太阳辐照度观测资料,是美国国家观测站网最早观测的一部分数据。

记录时段:1951 年 12 月—1976 年 12 月。

时间分辨率:逐小时(当地太阳时)。

空间范围:美国领土(图 5-1)。

空间分辨率:26 个观测站和 222 个模拟站。

数据要素和来源:地外辐射、水平面总辐照度(SOLMET 观测资料和 ERSATZ 模拟数据,经过工程订正和标准年订正)、法向直接辐射(由总辐射估算得到)、日照分钟数、云(云底高度、总云量、不透明云量,以及多达四个云层的信息)和地面气象条件(温度、风速、气压、积雪、水平能见度、天空状况和当前天气)。

估算不确定度:与 NOAA 站网观测资料(1977—1980 年)的对比结果显示,SOLMET GHI 和 DNI 月均日总量的准确度分别为±7.5%和±10%。与此类似,ERSATZ GHI 和 DNI 月均日总量的准确度分别为±10%和±20%。火山喷发和城市化等过程会增加大气浑浊度,而模拟方法会消除大气浑浊度的长期趋势。因此,逐时数据的不确定度要高于月均日统计值。

图 5-1　SOLDAY 和 SOLMET 测站(各有 26 个台站)

(图片来源:NREL)

获取途径:美国国家气候资料中心(NCDC)网站(www. ncdc. noaa. gov)。NCDC 由 NO-AA 下设的美国国家环境卫星、数据及信息服务中心(NESDIS)管理,目前,NCDC 已经更名为美国国家环境信息中心(NCEI)。

更新情况：SOLMET/ERSATZ 数据库发布于 1978 年，1992 年被美国国家太阳辐射数据库（NSRDB）（1961—1990）取代。

5.4.3 SOLDAY

SOLDAY 是 NOAA 和 ERDA 数据复兴计划的第二步，其目标是开发一套融合辐射测量和气象数据的国际单位制太阳能资源数据集（NCDC，1979b）。SOLDAY 不仅消除了逐日总辐射数据中的流程和仪器错误，而且包含了所有可用的气象要素。为了避免数据冗余，SOLDAY 没有考虑 SOLMET 中使用过的太阳辐射测站。在计算逐日总辐射时，纸带上的辐射观测值，一部分先通过人工计算求得逐时值，之后再求和得到逐日值，另一部分则通过机械积分器进行逐日值的求解。SOLDAY 数据集包含了一批较早的太阳辐射测量数据，与 SOLMET 测站在地理分布上形成互补。

记录时段：1952 年 1 月—1976 年 12 月。

时间分辨率：逐日。

空间范围：美国大陆（图 5-1）。

空间分辨率：26 个观测站。

数据要素和来源：日出和日落时间、地外辐射（太阳常数取为 $1377W/m^2$）、水平面总辐照度观测值、逐日水平面总辐照度、日照分钟数、日照百分比、温度（最高、最低和平均值）、降雨量、降雪量、雪深、天气代码和逐时云量。26 个 SOLDAY 观测站均未包含于逐时 SOLMET 数据库中。

数据质量控制和质量评估：个别台站记录了相关信息，可以用于数据的解释。

估算不确定度：SOLDAY 测站使用的是 Eppley Laboratory 的 50 型和 PSP 型总辐射表。根据两种辐射表的测量特性，日曝辐量估算值的不确定度大约在 ±10% 以内。由于热偏移是许久之后才发现的，因此，PSP 型总辐射表测得的数据没有经过热偏移订正。

获取途径：美国国家气候资料中心（NCDC）网站（www. ncdc. noaa. gov）。

更新情况：SOLDAY 数据库发布于 1979 年，1992 年被美国国家太阳辐射数据库（NSRDB）（1961—1990）取代。

5.4.4 第一版典型气象年数据集（TMY）

典型气象年（TMY）数据集包含一整年的逐时太阳辐射和其他气象要素，可用于对比不同系统及配置在相同地点或不同地点的性能。典型气象年不能代表未来 1 年或 5 年的气象条件，只能代表长期典型条件，比如 30 年。这种数据产品不能反映极端天气条件，因此，不适用于恶劣天气下的系统和部件设计。

　　第一代典型气象年(TMY)数据集源自 SOLMET/ERSATZ 数据产品。它由 12 个典型气象月(TMM)连接而成,共有 8760 条逐时记录。典型气象月需用 Finkelstein-Schafer 统计法确定。首先,将表 5-1 列出的 9 种数据要素视为权重因子,对比每种要素的逐年加权累积分布函数与长期分布的接近程度。然后,通过每年的 Finkelstein-Schafer 统计加权以及长期百分位数反映的持续性确定 5 个"候选年"。最后的环节有些主观,一般会选择偏差最小、气象参数结构更接近平均年的"候选年"。

　　典型气象年(TMY)数据可以提供逐时 GHI、DNI 和其他地面气象要素。

表 5-1　用于计算累积分布的权重因子

版本	温度						风速		太阳辐射	
	干球温度			露点温度			最大	平均	GHI	DNI
	最高	最低	平均	最高	最低	平均				
TMY	1/24	1/24	2/24	1/24	1/24	2/24	2/24	2/24	12/24	N/A
TMY2-3	1/20	1/20	2/20	1/20	1/20	2/20	1/20	1/20	5/20	5/20

　　记录时段:可以代表 SOLMET/ERSATZ 数据(1952—1976 年)的一整年数据。

　　时间分辨率:逐时。

　　空间范围:美国领土(图 5-1)。

　　空间分辨率:26 个观测站和 222 个模拟站。

　　数据要素和来源:地外辐射、GHI(SOLMET 观测资料和 ERSATZ 模拟数据,经过工程订正和标准年订正)、DNI(由总辐射估算得到)、日照分钟数、云(云底高度、总云量、不透明云量,以及多达四个云层的信息)和地面气象条件(温度、风速、气压、积雪、水平能见度、天空状况和当前天气)。

　　数据质量控制和质量评估:确认纸带上的逐时 GHI 实测资料,并将其标记为"观测数据"。考虑到温度响应,对实测数据进行仪器订正,并将其标记为"工程订正数据"。其中,热电堆型辐射表测得的数据没有经过热偏移订正。用晴空模式估算总辐射表的校准变化,然后用其订正实测数据,并将其标记为"标准年辐照度订正数据"。另外,缺失的观测数据也可以用晴空模式的估算值补齐。只有标准年辐照度数据是连续完整的。SOLMET 中的 DNI 全部由回归模式计算得出。这个回归关系是用 5 个测站的逐时 GHI 和 DNI 观测资料推导而来的,这 5 个测站分别是:加利福尼亚州的利弗莫尔、北卡罗来纳州的罗利、马萨诸塞州的梅纳得和得克萨斯州的胡德堡。ERSATZ 中的 GHI 和 DNI 全部由晴空模式和云观测资料估算而来。

　　估算不确定度:与 NOAA 站网观测资料(1977—1980 年)的对比结果显示,SOLMET GHI 和 DNI 月均日总量的准确度分别为±7.5%和±10%。与此类似,ERSATZ GHI 和 DNI 月均日总量的准确度分别为±10%和±20%。火山喷发和城市化等过程会增加大气浑浊度,而模拟方法会消除大气浑浊度的长期趋势。因此,逐时数据的不确定度要高于月均日统计值。

获取途径:美国国家气候资料中心(NCDC)网站(www. ncdc. noaa. gov)。

更新情况:第一版典型气象年数据(TMY)发布于 1978 年。1994 年,第二版典型气象年数据(TMY2)发布,出自美国国家太阳辐射数据库(NSRDB)(1961—1990)。第三版典型气象年数据(TMY3)源自 NSRDB 1. 1 版(1961—1990)和 NSRDB 更新版(1991—2005),并于 2008年问世。

5. 4. 5　1961—1990 美国国家太阳辐射数据库(NSRDB)

1992 年,NREL 发布了美国国家太阳辐射数据库(NSRDB)(1961—1990)(NREL,1992)。NSRDB(1961—1990)由 239 个台站的逐时数据组成,模拟和实测数据的比例分别为 93% 和7%。该数据产品既有温度、湿度、云量和能见度等气象观测,也有太阳辐射实测数据。由于辐射观测只覆盖了 52 个主要站点,且观测历史较短,因此,大部分的 GHI 数据是用太阳辐射模式——METSTAT 模拟得到的。METSTAT 模式可以利用人工观测的逐时云信息模拟地面太阳辐射。除了 GHI,DNI 的观测资料也只覆盖了主要站点,因此,其他的 DNI 数据也是用气象资料模拟得到的。

其次,NSRDB 还提供统计数据,如 DNI、DHI 和 GHI 的日总量平均值和标准差(根据台站、年和月进行统计),以及 30 年平均值和标准差(月均值和年均值)。气象要素的月均值、年均值和 30 年平均值也做了统计。

另外,NSRDB 还提供与一天 24 小时一一对应的逐时统计产品,包括逐时 GHI、DNI 和DHI 的月均值、年均值、30 年平均值和标准差。这种平均值可以表征太阳能的昼夜平均变化。首先,将 $1200Wh/m^2$ 均分为 24 等份,每一格(等份)代表 $50Wh/m^2$,然后将一天 24 小时对应的逐时统计值用格数表示出来。这些统计结果可用于绘制直方图,也可以用于计算累积频率分布。

最后,NSRDB 还提供了 1961—1990 年间太阳辐射的持续性指标。若逐日太阳辐射总量超过或低于设置阈值,且持续时间在 1 到 15 天,那么这种情况的出现次数就被称为持续性指标。

记录时段:1961—1990 年。

时间分辨率:逐时。

空间范围:美国、关岛和波多黎各(图 5-2)。

空间分辨率:239 个站(56 个有实测资料)。

数据要素和来源:逐时 GHI、DNI、DHI、ETR、法向 ETR、总云量、不透明云量、云底高度、干球温度、露点温度、相对湿度、气压、水平能见度、风速、风向、当前天气、气溶胶光学厚度、可

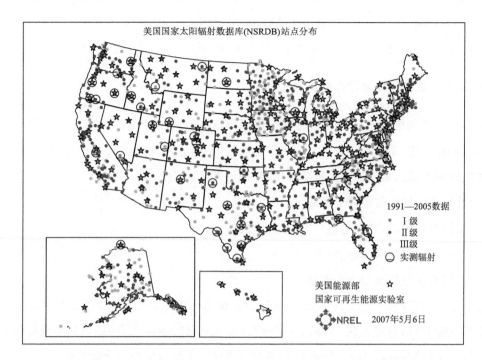

图 5-2 NSRDB(1961—1990)中的 239 个台站(1992 年发布)

和 NSRDB(1991—2005)中的 1454 个台站(2007 年发布)(见彩图)

(图片来源:NREL)

降水量、雪深、距上次降雪间隔日数。约 93% 的辐照度数据是用云观测数据模拟得到的。主要台站可以提供实测 DNI。

数据质量控制和质量评估:为了评估数据的可用性,NREL 开发了一种自动化数据处理方法,可以标记逐时太阳辐射和气象要素,以指示数据要素的来源和不确定度信息。太阳辐射测量难度较大,观测数据存在许多未知的质量问题。因此,开发相关的流程和软件,对观测数据进行质量评估十分重要。这种评估可以确保后期用于模式开发和其他应用的数据质量是最高的。此外,质量评估还需要计算实测辐射数据的不确定度。不确定度估算可以通过质量评估软件包 SERI QC 实现(NREL,1993)。SERI QC 先建立数据边界或界限,然后将落在边界内的数据看作合理值。前面的章节讲过一种以地外辐射和零值作上下限的辐射观测数据评估流程,SERI QC 的原理和它类似。不过,SERI QC 的评估方法更加高级,因为,它已经将数据界限具体到了台站和月份。热电堆型辐射表测得的数据没有经过热偏移订正。

估算不确定度:通过计算逐时数据和质量标记的百分比,可以得到有关辐射数据质量的统计数字。这些统计数字是根据台站和年份计算的,还包括 30 年的整体情况,因此,可将其视为一种单独的产品。

获取途径:美国国家气候资料中心(NCDC)网站(www.ncdc.noaa.gov)或 NREL RRDC

网站(http：//rredc. nrel. gov/solar/old_data/nsrdb/1961—1990/)。

更新情况：1992 年发布，2007 年更新(见 5.4.23 节)。

5.4.6 第二版典型气象年数据集(TMY2)

TMY2 由美国国家太阳辐射数据库(NSRDB)(1961—1990)衍生而来。NSRDB(1961—1990)是 SOLMET/ERSATZ(1952—1975)的替代产品，它考虑了 1975—1990 年的气候变化，而且该数据库提供的太阳辐射数据更加准确，原因如下：

(1)计算太阳辐射的模式更加先进；

(2)实测数据更多，其中包括一部分 DNI 数据；

(3)改进了仪器校准的方法；

(4)数据质量评估流程更加严格。

老版 SOLMET/ERSATZ(1952—1975)和新版 NSRDB(1961—1990)数据库之间的比较结果证明，年均总辐射差异在 5％以上的台站约占台站总数的 40％，一些台站的数据差异可达 18％(Marion 和 Myers,1992)；年均 DNI 差异在 5％以上的台站约占台站总数的 60％，有些台站甚至高达 33％；如果比较月均统计值，两个数据库间的差异会更大。

云量数据的分析结果显示，SOLMET/ERSATZ(1952—1975)和 NSRDB(1961—1990)之间的差异很小，甚至没有变化。因此，辐射数据之间的差异可能源自仪器校准和太阳辐射模式之间的差异(NSRDB,1995)。由于源数据库存在差异，衍生而来的各种典型气象年数据集也会有所不同。对于某些台站，这种差异可能很小，但是在其他台站可能就会很大。

TMY2 和最新的 TMY3 数据(见 5.4.13 节)在选择月份时考虑了 DNI 的加权指数(表 5-1)。这一指数的引入减小了典型气象年年均 DNI 与 30 年平均 DNI 之间的差异。以 20 个 NSRDB 典型台站为例，当仅用 GHI 作太阳指数时，典型气象年年均 DNI 的变化范围在 30 年年均水平的 4％以内(95％置信水平)，同时考虑 DNI 的权重后，差异可以降至 2％，而且对 GHI 没有太大影响。

所有的典型气象年数据集只反映典型状况而非极端状况，因此，它们不适用于恶劣天气下的系统和部件设计。

记录时段：来自 NSRDB(1961—1990)的有代表性的一整年数据。

时间分辨率：逐时。

空间范围：美国领土(图 5-1)。

空间分辨率：代表 NSRDB(1961—1990)的 239 个台站。

数据要素和来源：逐时 GHI、DNI、DHI、ETR、法向 ETR、总云量、不透明云量、云底高度、干球温度、露点温度、相对湿度、气压、水平能见度、风速、风向、当前天气、气溶胶光学厚度、可降水量、雪深、距上次降雪间隔日数。约 93% 的辐照度数据是用云观测数据模拟得到的。主要台站可以提供实测 DNI。TMY2 的数据文件格式与 NSRDB 和 TMY 的格式不同。

数据质量控制和质量评估：数据连续完整，逐时记录均包含太阳辐射、光照度和气象要素。每个数据都标注了一个双字符的源和不确定度标记，可以说明该数据是实测值、模拟值还是缺失值，并给出估算不确定度。全黑热电堆型辐射表的测量数据未经过热偏移订正。

估算不确定度：为了查看 TMY2 和长期数据之间的差异，TMY2 中不同辐射要素（GHI、DNI 和朝南纬度斜面总辐射）的平均值（月均和年均）与 NSRDB30 年长期数据进行了比较，并考虑了采暖度日数和降温度日数。通过数据比较可以了解 TMY2 系列是否能在较长的时间尺度上反映太阳能资源的平均水平和干球温度环境。这些参数对太阳能系统和建筑系统的仿真模拟都是非常重要的。结果表明，在年均水平上，TMY2 系列更接近 NSRDB30 年数据集，比月均水平更理想（表 5-2）。

表 5-2　TMY2 与 NSRDB 30 年数据之间的比较结果

数据要素	置信区间[kWh/m²]	
	月均日总量	年均日总量
GHI	±0.20	±0.06
DNI	±0.50	±0.16
朝南纬度斜面总辐射（倾角＝台站纬度）	±0.29	±0.09

获取途径：NREL RRDC 网站：http://rredc.nrel.gov/solar/old_data/nsrdb/1961-1990/tmy2/。

更新情况：TMY2 于 1994 年发布。TMY3 于 2008 年发布（见 5.4.24 节）。其中，TMY3 源自 NSRDB（1961—1990）（1.1 版）的输入数据（1976—2005）和 NSRDB（1991—2005）更新数据。

5.4.7　WMO 世界辐射数据中心（WRDC）

世界辐射数据中心（World Radiation Data Centre，WRDC）成立于 1962 年，是世界公认的数据中心之一，由世界气象组织（WMO）提供资助。WRDC 位于俄罗斯圣彼得堡市（前列宁格勒）的地球物理观象台。根据 WMO 第十八届执行委员会第 31 号决议，WRDC 的任务是收集、归档和出版来自全球测站的太阳辐射数据，以为国际科学组织开展相关研究工作所用。WRDC 存档数据的来源有 1000 多个测站，数据要素主要是 GHI 日总量，还有一部分散射、日照时数和净辐射数据。数据提交主要由成员国的国家气象部门负责。少量测站最近也开始提交一些逐时资料。观测站网在西欧大陆较为密集，在南美大陆较为稀少。

记录时段：1964 年至今。

时间分辨率:GHI 日总量,少数站点有逐时资料。

空间范围:全球(表 5-3)。

空间分辨率:1000 多个测站。

数据要素和来源:主要是 GHI 日总量、净辐射和日照时数,也有一些 DHI 和 DNI。少数站点提供逐时观测值。

数据质量控制和质量评估:WRDC 在海量观测资料处理方面拥有多年的实践经验,并在努力改进成员国家的数据业务。不过,WRDC 在数据处理环节,特别是质量控制环节,没有参考当地的天气状况。

估算不确定度:无信息。

获取途径:http://wrdc-mgo.nrel.gov 和 http://wrdc.mgo.rssi.ru。

如果想了解更多的细节,可联系:

沃耶伊科夫地球物理观象台

世界辐射数据中心

俄罗斯联邦,圣彼得堡,Karbyshev 大街 7 号,邮编:194021

电话:(812)297-43-90

传真:(812)297-86-61

如对 WRDC 网站有意见或建议,可直接联系:

Anatoly V. Tsvetkov 博士,WRDC 负责人

电话:(812)295-04-45

邮箱:wrdc@main.mgo.rssi.ru

邮箱:tsvetkov@main.mgo.rssi.ru

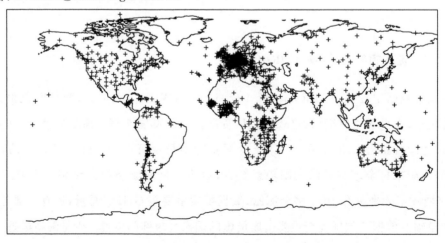

图 5-3　世界辐射数据中心(WRDC)全球测站分布

(图片来源:NREL)

5.4.8 美国西部能源供应和传输联盟太阳能监测网

20 世纪 70 年代中期,美国电力公用事业公司 Southern California Edison 向西部能源供应与输送联盟(Western Energy Supply and Transmission Associates,WEST Associates)提交了一份议案,要求在 Southern California Edison 服务范围之外的区域拓展太阳能监测业务,以建立一个准确的太阳能资源数据库。于是,WEST Associates 太阳能监测站网应运而生,它由 52 个测站组成,覆盖美国西部包括亚利桑那、加利福尼亚、科罗拉多、内华达、新墨西哥和怀俄明在内的 6 个州。监测站网从 1976 年开始运行,于 1980 年结束,历时 5 年,采集的要素主要是逐 15min GHI、DNI 和干球温度。不过,不是所有测站都运行了 5 年,也不是所有测站都采集了这些参数。13 个测站的资料于 1976 年首次发布。据了解,该监测站网运行的 4 年半时间里,有 52 个测站采集了 GHI 和环境温度数据,有 26 个测站采集了 DNI 数据。

记录时段:1976—1980 年。

时间分辨率:15min。

空间范围:亚利桑那州、加利福尼亚州、科罗拉多州、内华达州、新墨西哥州和怀俄明州。

空间分辨率:52 个测站(图 5-4)。

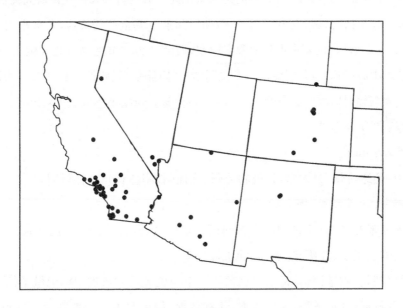

图 5-4 WEST Associates 太阳能监测站网的 52 个测站(1976—1980 年)

(图片来源:NREL)

数据要素和来源:GHI、DNI 和干球温度,由总辐射表(Eppley 的黑白型、Eppley 的 PSP 型和 Spectrolab 的 Spectrosun SR75 型)和带自动太阳跟踪器的直接辐射表(Eppley 的 NIP 型)测量得到。52 个测站中有 26 个开展过 DNI 观测。

数据质量控制和质量评估:Southern California Edison 为 WEST Associates 太阳能监测站网制定了一套严格的辐射表维护校准程序。流程规定,采集 GHI 和干球温度的测站每周维护一次。同时,总辐射表的半球罩要定时清洁,电子仪器组件也要定期检查以确保正常运行。DNI 测站每周要维护三次。维护过程中要清理直接辐射表,并根据太阳赤纬和方位角的变化调整半自动太阳跟踪器。所有测站的辐射表每年要用 WRR 校准两次。全黑热电堆型辐射表测量的数据没有经过热偏移订正。

估算不确定度:由于维护和校准频率较高,GHI 和 DNI 日总量的准确度分别约为±5％和±8％。其中,DNI 不确定度的估算已经考虑了人工调整半自动太阳跟踪器带来的影响。

获取途径:数据和文件由 NREL RRDC 负责维护:http://rredc. nrel. gov/solar/pubs/wa/wa_index. html。

更新情况:1981 年发布。

5.4.9　西北太平洋太阳辐射数据站网

俄勒冈大学西北太平洋太阳辐射数据站网拥有美国地区最长的 DNI 连续观测资料。该站网始建于 1977 年,下设 11 个测站,目的是为太阳能资源评价和长期气候研究提供高质量的科研数据。这项工作由博纳维尔电力管理局、俄勒冈州能源基金信托机构、尤金水利电力委员会、Emerald 人民公用行政区、国家可再生能源实验室、西北电力与节能委员会和俄勒冈建筑环境与可持续发展技术中心(BEST)共同促成。有关测站、太阳能数据、软件工具和教材的信息,可以参考俄勒冈大学太阳辐射监测实验室网站:http://solardat. uoregon. edu/index. html。

记录时段:1977 年至今。

时间分辨率:5min。

空间范围:爱达荷州、蒙大拿州、俄勒冈州、犹他州、华盛顿州和怀俄明州。

空间分辨率:39 个测站(图 5-5)。

数据要素和来源:GHI、DNI、DHI、倾斜面总辐照度、分光光谱辐照度和地面气象数据(温度、相对湿度、露点温度、气压、降水、云量和雪深等)。

数据质量控制和质量评估:每个数据都用一个两位数的质量控制标记做了标注,以识别数据类型,如观测数据、订正数据、内插数据、计算数据、缺失数据或无效数据。辐射表每年校准一次,还要配以现场定期检查。

估算不确定度:根据仪器选型、安装和运维情况,各种辐射要素日总量(订正后)的估算不确定度情况如下:DNI 为±2％,GHI 为±5％,DHI 为±15％+5W/m²。

获取途径:该站网由俄勒冈大学太阳辐射监测实验室负责运维,资料可在线获取:http://solardat. uoregon. edu/SolarData. html。

图 5-5　美国俄勒冈大学运维的西北太平洋太阳辐射数据站网

(图片来源:NREL)

更新情况:持续更新。

5.4.10　NOAA 太阳辐射监测站网

20 世纪 70 年代,为了配合美国国家气象局(NWS)历史资料复兴计划,美国能源部 (DOE)和 NOAA 联合资助了 NWS 太阳观测站网的重建计划。新的站网由 39 个测站组成, 配有 Eppley Laboratory 公司的 PSP 型总辐射表和 NIP 型直接辐射表。其中,还有 7 个测站 安装了带遮光装置的 PSP 总辐射表,用来测量 DHI。由于加装了新的数据采集系统,辐射表 的数字采样间隔可以达到 1min,同时提供纸带记录作为备份。辐射表每年会在科罗拉多州博 尔德的 NOAA 太阳能研究平台进行校准,校准标准可追溯至世界辐射测量基准(WRR)。观 测数据经过处理后,由 NCDC 以 9 轨磁带卷轴的形式发行。这些数据来自美国最大的国家级 太阳能资源观测站网,同时也是最完整的一套资料。

记录时段:1977—1980 年。

时间分辨率:逐时。

空间范围:美国领土(图 5-6)。

空间分辨率:39 个 NWS 测站。

数据要素和来源:GHI、DNI、DHI(7 个测站)、气温、相对湿度、云量、气压、10m 风速和风 向、降水、积雪和天气现象代码。1min 瞬时辐射分别以数字和纸带两种形式进行记录。

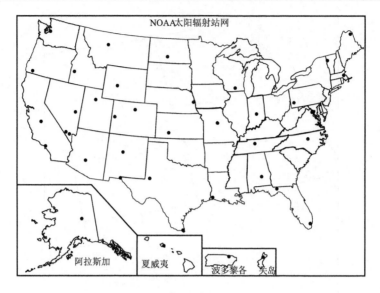

图 5-6　NOAA 太阳辐射监测站网的 39 个测站(1977—1980 年)

(图片来源:NREL)

数据质量控制和质量评估:数据由国家气候资料中心(NCDC)负责处理。数据处理采用标准程序,包括目视检查纸带记录。辐射表每年在科罗拉多州的博尔德用参考辐射表进行校准,校准标准可追溯至世界辐射测量基准(WRR)。各月的数据报告和数据文件由国家气候资料中心(NCDC)负责生成。全黑热电堆型辐射表测量的数据未经过热偏移订正。

估算不确定度:根据仪器的选型、安装和运维情况,各种辐射要素日总量(订正后)的估算不确定度情况如下:DNI 为 $\pm 2\%$,GHI 为 $\pm 5\%$,DHI 为 $\pm 15\% + 5 W/m^2$。

获取途径:美国国家气候资料中心(NCDC)网站(www. ncdc. noaa. gov)。NCDC 由 NO-AA 下设的美国国家环境卫星、数据及信息服务中心(NESDIS)管理,目前,NCDC 已经更名为美国国家环境信息中心(NCEI)。

更新情况:TD—9736 最终发布于 1983 年。

5.4.11　美国太阳能和气象研究培训基地

为了培养专业人才,促进太阳辐射和气象观测知识的进步,在美国能源部(DOE)和美国太阳能研究所(现 NREL)的提议下,许多美国大学和学院参与了一项名为太阳能与气象研究培训基地(Solar Energy and Meteorological Research Training Sites, SEMRTS)的项目。SEMRTS 的目标是用几年的时间采集至少 12 个月的逐分钟太阳能资源数据。这些数据均使用精密仪器采集,主要覆盖最初划定的 6 个参与区域中的 4 个。加利福尼亚州的戴维斯和夏威夷的火奴鲁鲁没有提供数据。

记录时段:1979—1983 年。

时间分辨率:1min。

空间范围:阿拉斯加州的费尔班克斯、佐治亚州的亚特兰大、纽约州的奥尔巴尼和德克萨斯州的圣安东尼奥(图5-7)。

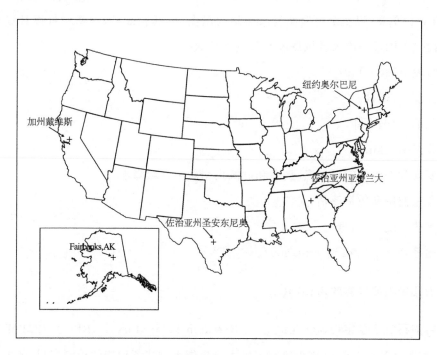

图5-7　SEMRTS项目测站分布情况

(图片来源:NREL)

空间分辨率:4个测站。

数据要素和来源:GHI、DNI、DHI、倾斜面总辐照度、红外辐照度、紫外辐照度、其他分光光谱辐照度和地面气象参数(温度、相对湿度、气压、能见度、10m风速和风向、降水等)。

数据质量控制和质量评估:根据仪器的选型、安装和维护情况,SEMRTS的数据质量较高,属于研究级。这套数据还被用于开发自动化质量评估方法。全黑热电堆型辐射表测量的数据未经过热偏移订正。

估算不确定度:根据仪器的选型、安装和运维情况,各种辐射要素日均值的不确定度情况如下:GHI为±7%,DNI为±3%,DHI为±15%+5W/m²。

获取途径:数据和文档由NREL RRDC负责维护:http://rredc.nrel.gov/solar/old_data/semrts/。

更新情况:1985年发布。

5.4.12　DAYMET

DAYMET数据库可以提供大区域的逐日地表温度、降水、湿度和GHI数据,并考虑了复杂地形带来的效应。DAYMET 模式由蒙大拿大学陆地动力数值模拟研究组开发,最初是为了生成高分辨率逐日气象及气候数据,以满足植物生长模拟的需要(Thornton et al. ,2000;Thornton 和 Running,1999)。制作这套空间分辨率为 1km 的逐日数据集(1980—1997)时,还加入了 DEM 的信息,以及来自地面气象测站的温度(最低和最高)和降水量逐日资料。该数据库可以提供美国境内的大区域概况和单点逐日数据。

记录时段:1980—1997 年。

时间分辨率:逐日。

空间范围:美国大陆。

空间分辨率:1km。

数据要素和来源:GHI、气温(最高和最低)、相对湿度和降水。

数据质量控制和质量评估:无信息。

估算不确定度:无信息。

获取途径:https://daac. ornl. gov/。

5.4.13　太阳辐射研究实验室(SRRL)

太阳辐射研究实验室(Solar Radiation Research Laboratory,SRRL)于 1981 年在美国太阳能研究所(现 NREL)成立,该实验室不仅可以提供太阳能资源连续观测资料,还可以提供总辐射表和直接辐射表的户外校准服务以及商业仪器的特性评测服务。SRRL 属于户外实验室,它所在的 South Table Mountain 是一座平顶山,全年光照条件良好,可以俯瞰整个丹佛。SRRL 最早测量的 DNI、GHI 和 DHI 资料的时间分辨率为 5min,如今 SRRL 的基准观测系统(Baseline Measurement System)可以以 1min 的采样间隔同时观测 130 种数据要素。观测资料可以通过 NREL 的观测与仪器数据中心(MIDC)网站获取(www. nrel. gov/midc/srrl_bms)。

记录时段:1981 年至今。

时间分辨率:5min(始于 1981 年 7 月 15 日),1min(始于 1999 年 1 月 13 日)。

空间范围:科罗拉多州戈尔登(图 5-8)。

空间分辨率:1 个研究型测站。

数据要素和来源:GHI、DNI、DHI(有遮光带和遮光盘两种)、倾斜面总辐照度、反射辐照度、紫外辐照度、红外辐照度(向上和向下)、光度和分光光谱辐照度、天空图像和地面气象参数(温度、相对湿度、气压、降水、积雪、不同高度上的风速和风向)。

数据质量控制和质量评估:通过自动化的数据质量控制流程对仪器进行日常维护,该流程采用 SERI-QC 方法(NREL,1993),可以实时检查冗余仪器及内部一致性。一旦仪器出现问

图 5-8　位于 South Table Mountain 的 SRRL

（图片来源：NREL）

题,操作员会收到由数据采集和处理系统自动发送的电子邮件通知。辐射表至少一年校准一次,校准用的参考仪器可溯源至 WRR。仪器特性方面的报告可以参考 Wilcox 和 Myers(2008)。由于发现了辐射表的热偏移问题,从 2000 年起,全黑热电堆型辐射表测量的数据都已经过热偏移订正。

估算不确定度:根据仪器的选型、安装和运维情况,各种辐射要素日总量(订正后)的估算不确定度情况如下:DNI 为±2%,GHI 为±5%,DHI 为±15%+5W/m²(如果不进行热偏移订正,晴空条件下由热电堆型探测器测得的 GHI,其偏差可达−2.5%)。

获取途径:NREL MIDC 网站:www. nrel. gov/midc/srrl_bms。

更新情况:数据至少 1h 更新一次。

5.4.14　欧洲太阳辐射图集(ESRA)

欧洲太阳辐射图集(European Solar Radiation Atlas,ESRA)是一个可以提供欧洲地区太阳能资源数据的软件包,覆盖范围东起乌拉尔,西至亚速尔群岛,南起非洲北部,北至北极圈。对于建筑师、工程师、气象学家、农学家、当地政府官员、旅游业从业人员、科研人员和学生来说,ESRA 是一个功能强大的工具。ESRA 光盘数据库的空间分辨率约为 10km,可以提供1981—1990 年间多种时间尺度(从 700 多个台站的气候平均值到 7 个台站的逐时资料)的太阳能资源信息,如辐照量(总辐射及其分量)、日照时数、气温、降水、水汽压和气压。

ESRA 数据库可以地图或台站的形式展示,具体形式由用户选择。超过 50 幅图谱提供总辐射、直接辐射、散射辐射以及晴空指数信息。如果选择台站,程序会自动检索该台站所能提供的全部数据。ESRA 中的算法,涉及太阳几何学、大气光学特性、晴空状态下的逐时坡面辐射估算、太阳辐射估算(从逐日到逐时,从水平面转换到倾斜面)、光谱辐照度、光照度、温度日均廓线和其他统计量,如中心距、极值、概率、累积概率和利用率曲线。图表显示有二维和三维两种形式。

记录时段:1981—1990 年。

时间分辨率:月均日总量和年均日总量(kWh/m^2)。

空间范围:欧洲。

空间分辨率:10km。

数据要素和来源:一些台站的 GHI、DNI、DHI、日照时数、气温、降水、水汽压和气压。

数据质量控制和质量评估:无信息。

估算不确定度:无信息。

获取途径:Les Presses Mines Paris Tech. 网站:http://www.ensmp.fr/Presses/?livreplus＝54——col3♯54;SoDa 网站:www.soda-is.com/eng/index.html。

更新情况:无信息。

5.4.15　光伏发电地理信息系统(PVGIS)

光伏发电地理信息系统(Photovoltaic Geographical Information System,PVGIS)是一款拥有地图界面的数据库,它基于 GRASS GIS 开发,可以用于太阳能资源和光伏系统发电量评估,覆盖地区包括欧洲、非洲和亚洲西南部。为了实现长期可持续的能源供应,欧盟(European Union)启动了 SOLAREC 行动计划,PVGIS 是 SOLAREC 的一部分。借助 r. sun模式和插值技术(s. vol. rst 和 s. surf. rst),欧盟委员会下设的联合研究委员会(Joint ResearchCouncil)利用均一化欧洲气候资料和 ESRA 数据开发了一套太阳辐射数据库,以用作 PVGIS的基础数据。有关 GRASS GIS 程序的介绍可以参考以下网页上提供的参考文献:http://re.jrc.ec.europa.eu/pvgis/solres/solresref.htm。

模式算法可以估算晴空条件下的直接辐射、散射辐射和反射辐射,以及真实天空条件下的水平面(倾斜面)总辐射辐照度(辐照量)。日总辐照量(Wh/m^2)是通过对一天内的规则采样辐照度(W/m^2)进行积分得到的。每一个时间步长都应考虑当地地形特征(丘陵或山脉)对天空的遮挡情况,这可以通过 DEM 求得。

PVGIS 数据库由若干栅格地图组成,分别代表水平面日总辐照量和倾斜面日总辐照量(15°、25°和 40°倾角)在 12 个月的月平均值和年平均值。同时,该数据库还包含晴空辐照量、Linke 浑浊度因子(可用于模拟由水汽和气溶胶引起的 DNI 在晴空大气中的吸收及散射)以及DHI/GHI 的比值栅格地图。

记录时段:1981—1990 年。

时间分辨率:年平均值(kWh/m^2)。

空间范围:欧洲。

空间分辨率:由 1km 合成为 5 弧分(约 8km)。

数据要素和来源:欧洲次大陆的 GHI、DNI、DHI 和 POA 辐照度是通过下列输入求得的:

(1)总辐照量和散射辐照量日总量的月均值,来自欧洲地区 566 个地面气象测站的实测或模拟数据。这些月均值反映了 1981—1990 年间的情况,并且这些数据在 ESRA 中也有收录;

(2)Linke 浑浊度因子来自全球数据库(Remund et al.,2003),也可通过 SoDa 网站获取;

(3)空间分辨率为 1km 的 DEM,来自 USGS SRTM 数据;

(4)空间分辨率为 100m 的 CORINE 土地覆盖数据;

(5)空间分辨率为 1km 的 GISCO 土地覆盖数据(©欧洲地理行政边界协会);

(6)VMAP0 和 ESRI 数据。

对于地中海盆地、非洲和亚洲西南部:

(1)HelioClim-1 数据库,可以提供由 Meteosat Prime 卫星影像生成的 GHI 日总量,覆盖整个圆盘(注:卫星气象上叫圆盘)。这些数据的记录时段是 1985—2004 年,原始空间分辨率为 15 弧分,赤道附近约合 30km。以上数据均采用 Heliosat-2 方法处理(Rigollier et al.,2000);

(2)Linke 浑浊度因子来自全球数据库(Remund et al.,2003),也可通过 SoDa 网站获取;

(3)空间分辨率为 1km 的 DEM,来自 USGS SRTM 数据;

(4)空间分辨率为 1km 的 GISCO 土地覆盖数据;

(5)VMAP0 数据。

数据质量控制和质量评估:对于有实测资料的地点,PVGIS 的模拟方法可以很好地解释误差分布。为了评估该方法的计算准确度,这里使用了交叉验证的方法。交叉验证的结果表明,如果在指定地点的插值中不考虑由观测和后处理引入的各种误差,那么得到的误差可能会很大。交叉验证得到的年均平均偏差(Mean Bias Error)较小,约为 $1Wh/m^2$(0.03%)。月均平均偏差的范围较大,1 月份约为 $-3Wh/m^2$,8 月份约为 $4Wh/m^2$。交叉验证得到的均方根误差(RMSE)较大,变化范围为 $97\sim299Wh/m^2$(4.7%~11.2%)。年均均方根误差约为 $146Wh/m^2$(4.5%)。

估算不确定度:为了评估 PVGIS 中模式的准确度,将模拟数据与气象输入数据进行了对比。GHI 年均日总量的平均偏差为 $8.9Wh/m^2$(0.3%),均方根误差为 $118Wh/m^2$(3.7%)。PVGIS 与 ESRA 数据的平均均方根误差几乎相同,但是 PVGIS 在 10 月至次年 4 月这个时段上性能比 ESRA 更优越一些,其优势在于将地形特征与辐射场的变化联系在了一起,并考虑了地形的遮挡效应。用 563 个测站的 GHI 资料分别与 PVGIS(第二版)和 ESRA 栅格地图进行比较,结果显示,PVGIS 日总辐照量均方根误差的变化范围为 68～209Wh/m²,即 3.2%～7.8%,冬季均方根误差达到峰值。与 ESRA 的比较结果显示,虽然整体准确度与 PVGIS 几乎相同(ESRA 年均均方根误差为 113Wh/m²,即 3.5%),但是在 10 月到次年 4 月这一时段上 PVGIS 模拟结果略优,而在夏季较差。

获取途径:欧盟委员会联合研究委员会网站:http://re.jrc.ec.europa.eu/pvgis/download/download.htm。

5.4.16 METEONORM

METEONORM 6.1(2009 版)由气象数据库和计算流程两部分组成,是一个面向太阳能应用和系统设计的综合气象数据产品,可以应用于全球任何地点。METEONORM 拥有统一的数据、模式和软件工具,可满足工程师、建筑师、教师、规划师以及对太阳能和气候学感兴趣的其他从业者的需求。

数据库属性:

(1)8055 多个气象站的气候数据,其中 1422 个站有 GHI 数据;

(2)观测参数:月均总辐射、温度、湿度、降水、降水日数、风速、风向和日照时数;

(3)温度、湿度、降水和风速有两个时期供选择,分别是 1961—1990 年和 1996—2005 年;

(4)更新的总辐射数据库覆盖 1981—2000 年;

(5)在气象站稀少的地区使用卫星数据;

(6)包含气候变化预估(Hadley CM3 模式)。

模式概述:

(1)利用插值模式计算全球任何地点的平均值;

(2)辐射参数的时间分辨率为 1min;

(3)采用更新的模式计算倾斜面辐射;

(4)在建筑模拟方面,加强温度和湿度的生成。

软件功能:

(1)支持用户数据导入;

(2)辐射计算中考虑了高地平线效应(高地平线在山区会自动计算);

(3)28 种输出格式,还有用户定制格式;

(4)支持 5 种语言:英语、法语、德语、意大利语和西班牙语;

(5)CD-ROM 中包含英文手册、地图和说明。

记录时段:1981—2000 年(水平面总辐照度数据库),当前软件还可接受用户数据。

时间分辨率:逐分和逐时模拟数据。

空间范围:全球。

空间分辨率:通过对 8055 个气象站的数据进行插值处理,将天气数据扩展到全球任何指定地点。

数据要素和来源:实测资料:月均 GHI、温度、湿度、降水、风速、风向和日照时数;模拟数据:逐分和逐时典型年辐射参数(GHI、DNI、DHI、倾斜面总辐照度、向下红外辐照度、光照度、UVA 和 UVB),降水和湿度参数(露点、相对湿度、混合比和湿球温度)。

数据质量控制和质量评估:利用 6.1 版数据库进行太阳能系统模拟得到的结果在全球范围内与实际情况一致性较好,插值产生的误差也在气候的年际变率范围之内。辐射模式的测试和验证结果可以查阅"Handbook Part II:Theory",下载地址是:www. meteonorm. com/pages/en/downloads. php。

估算不确定度:GHI 内插值的 $MBE=0W/m^2$,$RSME=15W/m^2$;年平均 GHI 的 $RMSE=17W/m^2(10\%)$。

获取途径:METEOTEST 网站:http://www. meteonorm. com/。

更新情况:定期更新。

5.4.17 NASA SSE 数据库

为了利用最新的卫星资料和预报模式创建一套新的面向工业应用的数据产品,NASA 于 2003 年启动了世界能源资源预测(The Prediction of Worldwide Energy Resource,POWER)项目,并在原有地表气象与太阳能(Surface Meteorology and Solar Energy,SSE)数据集的基础之上做了改进。POWER 网页界面(http://power. larc. nasa. gov)上的 SSE 数据集已经过精简,专门面向可再生能源工业。精简后的参数可供绿色建筑业、生物能工业和农业产业使用。一般来说,不同行业所用的基础数据都是相同的,即太阳辐射和气象数据,气象数据包括地面温度、气温、湿度和风。

该数据集的空间分辨率是 1°经度×1°纬度,全球共有 64800 个等角网格单元。用于制作 SSE 的数据是 NASA GOES 4 多年同化时间序列数据。GOES 4 数据集的空间分辨率为 1.25°经度×1°纬度,经过双线性插值后,变为 1°×1°。

SSE 中的太阳能数据利用 Pinker 和 Laszlo 开发的短波算法生成(Pinker 和 Laszlo,1992)。其中,云数据来自 ISCCP DX 数据集,这些数据分布在等面积网格上,有效像元大小为 30km×30km。输出数据采用嵌套网格,共有 44016 个网格单元,其中纬度分辨率为 1°,经度分辨率可变,在热带和亚热带地区为 1°,在极地为 120°。然后,通过复制,将原来的嵌套网格重新网格化,调整为 1°的等角网格(360°经度×180°纬度)。在复制的过程中,任何大于 1°×1° 的网格单元会被细分为 1°×1° 的区域,新生成区域内的值与初始值相同。

NASA 将 SSE 数据与全球范围内的地面站点资料做了比较。其中,辐射参数的对比选用 BSRN 资料(NASA,2008)。比较结果的汇总见表 5-3。

表 5-3 SSE 与 BSRN 月均值之间的回归分析结果(1983 年 7 月—2005 年 6 月)

参数	范围	相对误差(%)	均方根误差(%)
水平面总辐照度	全球	−1.01	10.25
	两极方向 60°	−1.18	34.37
	赤道两侧 60°	0.29	8.71
水平面散射辐照度	全球	7.49	29.34
	两极方向 60°	11.29	54.14
	赤道两侧 60°	6.86	22.78
法向直接辐射	全球	−4.06	22.73
	两极方向 60°	−15.66	33.12
	赤道两侧 60°	2.40	20.93

NASA SSE 网站:http://eosweb. larc. nasa. gov/sse/。源数据在 SSE 网站的 Data Retrieval 处下载:Meteorology and Solar Energy 目录下的 Global data sets。获取表格数据后,再转换为 shapefile 格式。

记录时段:1983 年 7 月—2005 年 6 月。

时间分辨率:月均和年均日总量(kWh/m^2)。

空间范围:全球。

空间分辨率:1°。

数据要素和来源:源自卫星模式的 GHI、DNI 和 DHI。同时也可提供:晴空 GHI 估算值、DNI 估算值、DHI 估算值、倾斜面总辐照度估算值、温度、气压、湿度、降水和风速。

估算不确定度:与 BSRN 地面观测资料的比较结果显示,中纬度地区各个辐射要素 23 年的月均日总辐照量不确定度为(相对误差/均方根误差):GHI 0.29%/8.71%、DHI 6.86%/22.78%和 DNI 2.40%/20.93%。

获取途径:NASA SSE 网站:http://eosweb. larc. nasa. gov/sse/。

更新情况:2008 年 1 月发布数据集 6.0 版。

5.4.18 DLR-ISIS

DLR-ISIS 数据集给出了全球范围内的太阳辐射总量概况。该数据产品由辐射传输模式计算生成,云信息来自 ISCCP(http://isccp. giss. nasa. gov)的云特性和云量数据,气溶胶光学厚度信息来自 NASA-GISS 数据集(Lohmann et al.,2006)。

DLR-ISIS 拥有超过 21 年的模式估算数据,可用于提取稳定的长期平均值,评价辐照度的年际变率,以及研究极端大气条件对地面辐射的影响,如火山喷发。ISIS 的逐 3h 分辨率数据可用于研究太阳辐射的日循环。不过,280km×280km 的空间分辨率过于粗糙,很难用于项目选址。

记录时段:1983 年 7 月—2004 年 12 月。

时间分辨率:3h。

空间范围:全球。

空间分辨率:280km×280km。

数据要素和来源:由辐射传输模式计算而来的 DNI 和 GHI,输入参数为云和气溶胶信息。

数据质量控制和质量评估:将 DLR-ISIS 数据集的 DNI 月均日总量与 78 个测站的资料进行比较,结果显示,DLR-ISIS 的月均值存在 3% 的低估。将 DLR-ISIS 的 GHI 月均日总量与 89 个测站的数据进行对比,验证结果表明,DLR-ISIS 的月均值存在 3% 的高估。

估算不确定度:无信息。

获取途径:DLR-ISIS 网站:http://www.pa.op.dlr.de/ISIS。

5.4.19　HBCU 太阳辐射监测站网

美国传统黑人院校(Historically Black Colleges and Universities,HBCU)太阳辐射监测站网于 1985 年 7 月开始运行,止于 1996 年 12 月。这个观测站网由美国能源部(DOE)资助,共有 6 个观测站,可以提供 5min 的 GHI 和 DHI 观测值。所测资料由 NREL 负责处理,用于改进美国东南部地区的太阳能资源评估业务(Marion,1994)。其中,有 3 个测站同时安装了带自动太阳跟踪器的直接辐射表,可以同步观测 DNI。该观测站网的历史资料可以在线获取,其中包括经过质量评估的 5min 资料、月度报告和图表。

1997 年 1 月,HBCU 测站并入 CONFRRM(Cooperative Network for Renewable Resource Measurements)太阳辐射监测站网,成为了它的一部分。

记录时段:1985—1996 年。

时间分辨率:5min。

空间范围:美国东南部地区(佛罗里达州的代托纳比奇、佐治亚州的萨凡纳、密西西比州的伊塔比纳、北卡罗来纳州的伊丽莎白城、南卡罗来纳州的奥兰治堡和西弗吉尼亚州的布卢菲尔兹)。

空间分辨率:6 个测站(图 5-9)。

数据要素和来源:GHI、DNI(3 个测站)和 DHI(遮光带),观测仪器为 Eppley Laboratory 公司的 PSP 型总辐射表和 NIP 型直接辐射表,自动太阳跟踪器选用 LI-COR 2020 型。辐射

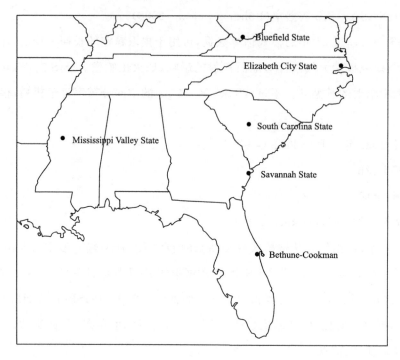

图 5-9　HBCU 太阳辐射监测站网(1985—1996 年)

(图片来源:NREL)

表每日维护一次,每年在 NREL 校准一次,校准采用宽带户外辐射表校准程序(Myers et al.,2002),用于校准的参考标准可溯源至 WRR。

　　数据质量控制和质量评估:为了保证辐射表清洁,确保仪器对准太阳,测站操作员每天都会检查仪器设备。NREL 利用 SERI-QC 软件处理数据,并为每个数值分配一个两位数的质量标记。全黑热电堆型辐射表测量的数据没有经过热偏移订正。

　　估算不确定度:根据仪器的选型、安装和运维情况,各种辐射要素日总量(订正后)的估算不确定度如下:DNI 实测值为±2%,DNI 估算值(由 GHI 和 DHI 实测值求得)为±8%,GHI为±5%,DHI 为±15%+5W/m²。

　　获取途径:NREL RRDC 网站:http://rredc.nrel.gov/solar/old_data/hbcu/,包括经过质量评估的逐月数据文件、月度总结报告和逐月辐照度分布图。

　　更新情况:最终数据发布于 1997 年。来自伊丽莎白城州立大学观测站的数据目前仍可通过 NREL MIDC 网站获取:http://www.nrel.gov/midc/ecsu/。

5.4.20　SWERA 计划数据集

　　太阳能风能资源评估(Solar and Wind Energy Resource Assessment,SWERA)计划旨在向全球用户提供方便获取的高质量可再生能源资源信息和数据,其目标是通过向关键用户群提供免费信息促进可再生能源政策的执行和投资的落地。SWERA产品包括地理信息系统、时间序列数据和能源优化工具。与 SWERA 相关的其他信息,可参考以下链接中的 Analysis Tools 部分(http://en. openei. org/apps/SWERA/)。目前,该产品由一个国际专家团队及其国内合作伙伴共同维护。

记录时段:中等分辨率:1985—1991 年;高分辨率:1998—2002 年。

时间分辨率:月均和年均日总量(kWh/m^2)。

空间范围:中等分辨率:南美洲、中美洲、非洲、南亚、东亚、加勒比海地区、墨西哥和中东(以色列、巴勒斯坦/约旦、黎巴嫩、叙利亚、伊拉克、也门、沙特阿拉伯部分地区和科威特)。高分辨率:危地马拉、伯利兹、萨尔瓦多、洪都拉斯、尼加拉瓜、墨西哥部分地区(瓦哈卡)、古巴、阿富汗、巴基斯坦、墨西哥部分地区(恰帕斯、韦拉克鲁斯、墨西哥北部至北纬 24°之间的地区)、多米尼加共和国、不丹、印度、埃塞俄比亚、加纳、肯尼亚、斯里兰卡、尼泊尔、孟加拉国、中国西部和阿联酋。

空间分辨率:中等分辨率=40km;高分辨率=10km。

数据要素和来源:利用地面气象观测和卫星数据模拟而来的 GHI、DNI、DHI 和 POA 辐照度。

数据质量控制和质量评估:无信息。

估算不确定度:无信息。

获取途径:SWERA 由位于美国 Sioux Falls 的 UNEP/GRID 设计并负责维护:

http://en. openei. org/apps/SWERA/。

针对巴西的产品由巴西国家空间研究所(Instituto Nacional de Pesquisas Espaciais,INPE)和圣卡塔琳娜州联邦大学(Federal University of Santa Catarina)太阳能实验室联合开发,更多有关 INPE 的信息可以查看 www. inpe. br/ingles/index. php。由德国宇航中心(DLR)开发的产品可通过 http://swera. unep. net/index. php? id＝metainfo&ro 获取。另外,拉美国家太阳能潜力地图可以通过以下网站获取:http://www. temasactuales. com/tools/solarmaps. php。

更新情况:新数据集持续更新。

5.4.21 HelioClim 数据库

HelioClim 是一个提供地面太阳辐照度和辐照量数据的系列数据库。HelioClim 数据由 Meteosat 卫星影像生成,覆盖欧洲、非洲、地中海盆地、大西洋和印度洋部分地区。HelioClim 服务器有 3 个数据库,目前由法国国立巴黎高等矿业学校 Armines 能源与过程中心负责运行。该中心从欧洲气象卫星应用组织(European Organization for the Exploitation of Meteorological Satellites,EUMETSAT)接收 Meteosat 资料,并对其进行实时处理,由此生成的 Helio-Clim 数据库可以通过 SoDa 网站获取。

记录时段:1985 年至今。

时间分辨率:15min。

空间范围:欧洲和非洲。

空间分辨率:5km。

数据要素和来源:由卫星模式生成的逐时和逐日 GHI。

数据质量控制和质量评估:基于网络的数据质量程序会将 HelioClim 数据同地外辐照量以及由晴空模式计算的逐日或逐时数据进行比较,并生成数据质量报告,以解释 HelioClim 数据中的异常。

估算不确定度:无信息。

获取途径:法国国立巴黎高等矿业学校 Armines 能源与过程中心网站:www. helioclim. org/radiation/index. html 或 SoDa 网站:www. soda-is. com/eng/index. html。

更新情况:目前已有 3 个数据库,分别是 HC-1,HC-2 和 HC-3。有关 HC-3 的工作还在继续。目前正在准备新的 Heliosat-4 方法,它将用于创建 HC-4。

5. 4. 22　太阳能数据仓库

太阳能数据仓库(Solar Data Warehouse,SDW)可以提供美国地区 30 多个观测站网的气候数据,以及 3000 多个台站的逐时和逐日数据。所有的观测资料已被转换为统一格式,并组成一个连续稳定的数据集。

记录时段:起始时间不等(过去 5～25 年)。

时间分辨率:逐时和逐日。

空间范围:美国大陆。

空间分辨率:3000 多个测站。

数据要素和来源:GHI。

数据质量控制和质量评估:大多数辐射表是质量中等的总辐射表。为了识别异常数据,目标数据会与附近多个台站的数据进行时空比较。由于测站会增加、迁移和停测,质量控制程序需要进行持续调整,每周一次。

估算不确定度:16 个 SDW 台站与 13 个 NSRDB 一级测站的数据(2003—2005 年)比较结果显示,GHI 的日均误差为 9.85%,均方根误差为 19.0W/m²。其中,SDW 相邻台站间的距离均不超过 40km。

获取途径:SDW 网站:http://solardatawarehouse.com。

5.4.23 1991—2005 年美国国家太阳辐射数据库（NSRDB）

NSRDB(1991—2005)的更新部分是 1454 个台站的逐时太阳辐射（GHI、DNI 和 DHI）和气象数据。这次更新以 NSRDB(1961—1990)为基础（图 5-3），它拥有 239 个台站的数据，更新的内容包括 NSRDB 地面台站的常规时间序列数据和 0.1°的 SUNY 逐时太阳辐射网格数据(1998—2005)。其中，SUNY 数据集可覆盖除阿拉斯加州以外的美国地区，拥有大约 10 万个像元，分辨率约为 10km×10km。为了增加数据量，开发者改变了原版 NSRDB(1961—1990)中强制执行的串行完整性标准。新版 NSRDB 根据数据质量对各个台站进行了分类。其中，221 个一级站拥有完整的逐时数据集(1991—2005)，计算所用的输入数据质量也是最好的。同样，637 个二级站也有完整的逐时数据。20 世纪 90 年代中期，NWS 的天气观测自动化水平不高，导致输入数据质量较低，因此，二级站的数据不确定度较高。596 个三级站提供的数据存在缺失，不过至少可以覆盖 3 年，对某些应用来说可能有价值。

NSRDB(1961—1990)和 NSRDB(1991—2005)的显著差别是数据存储方式。为了生成一套无缝太阳辐射数据集，老版数据库中的观测数据和模拟数据是融合在一起的。例如，模拟数据可用于填充缺测数据。新版数据库中，模拟数据和观测数据是分开存储的，用户可根据应用场景选择数据类型。

NSRDB 用户手册可以在线获取：www.nrel.gov/docs/fy07osti/41364.pdf。

记录时段：1991—2005 年。

时间分辨率：逐时。

空间范围：美国。

空间分辨率：1454 个台站和 10km×10km 网格(1998—2005)（图 5-3）。

数据要素和来源：计算或模拟数据：水平面 EIR、法向 EIR、GHI、DNI、DHI。实测或观测资料：总云量、不透明云量、干球温度、露点温度、相对湿度、台站气压、风速、风向、水平能见度、云底高度、可降水量、气溶胶光学厚度、地表反照率和降水。

数据质量控制和质量评估：为了指示来源和估算不确定度，每个数据元素都配有标记。根据仪器配置、观测周期和与 NWS 台站的距离，33 个测站被选中并参与了模式评估（图 5-10）。

估算不确定度：该数据库由两个模式生成，因此，每个模式的基础不确定度都要进行估算。首先，通过比较模式输出和实测数据间的差异确定了地面模式 METSTAT(Maxwell,1998)的基础不确定度。辐射表的热偏移现象在当时还没有被发现，因此，用全黑热电堆型辐射表测得的数据在使用前没有经过热偏移订正。考虑到气象资料填充和观测自动化水平不高会增加输入数据的不确定度，估算得到的 METSTAT 基础不确定度在后期还经过了一轮修订。与此类似，卫星模式(Perez et al.,2002)的基础不确定度也是通过模式评估确定的。在有积雪存在

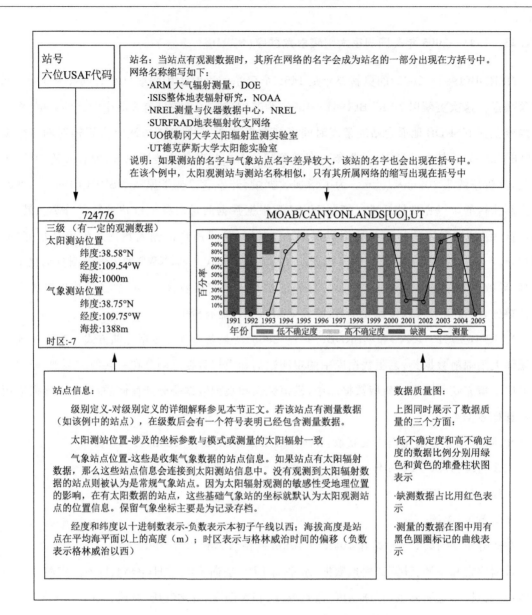

图 5-10 NSRDB(1961—1990)台站数据质量概要示例(见彩图)

(图片来源:NREL, Steve Wilcox)

的季节或高纬地区,模式的性能会有所下降,进而导致基础不确定度的升高。逐时模拟数据的不确定度变化范围,最优条件下约为 8%,较差的情况下可超过 25%。其他相关信息可参考 Zelenka et al.(1999)。

获取途径:数据可通过 NREL 和 NCDC 网站获取(表 5-4)。

更新情况:2007 年发布。

表 5-4 NSRDB 数据获取途径

数据集名称	发布机构	网址
NSRDB 太阳能和气象数据(经过填充)	NCDC	ftp://ftp3. ncdc. noaa. gov/pub/data/ nsrdb[1]
NSRDB 太阳能和地面气象集成数据库(无填充数据)	NCDC	http://cdo. ncdc. noaa. gov[1] http://gis. ncdc. noaa. gov[1]
NSRDB 太阳能数据(无气象数据)	NCDC	ftp://ftp. ncdc. noaa. gov/bup/data/nsrdb-solar[b]
SUNY 10km 网格数据	NCDC	ftp://ftp. ncdc. noaa. gov/bup/data/nsrdb-solar[b]
NSRDB 统计概要	NCDC	ftp://ftp. ncdc. noaa. gov/bup/data/nsrdb－solar[2]
NSRDB 研究级太阳能数据(无气象数据)	NREL	http://rredc. nrel. gov/solar/old_data/nsrdb/1991—2005[2]

注 1:域名为 .edu,.gov,.k12 和 .mil 的用户可免费访问该网址,其他用户访问需付费;

注 2:免费访问。

5.4.24 第三版典型气象年数据集(TMY3)

TMY3 数据由 NSRDB(1961—1990)(1.1 版)和 NSRDB(1991—2005)(更新版)的输入数据(1976—2005)生成。NSRDB(1961—1990)拥有 239 个台站,而 NSRDB(1991—2005)的台站已超过 1400 个。因此,为了覆盖更多的台站和更长的时间,TMY3 数据在设计时选用了 1976—2005 年的输入数据(Wilcox 和 Marion,2008),以反映台站所在位置的典型条件。如果一个台站的可用数据达到 30 年,那么 TMY3 数据覆盖的时间周期为 1976—2005 年,否则,时间周期皆为 1991—2005 年。

除了太阳辐射和气象要素的权重标准有些变化外,TMY2 和 TMY3 数据集的制作流程和桑迪亚国家实验室(Sandia National Laboratories)利用 SOLMET/ERSATZ(1952—1975)制作第一版典型气象年的流程类似(表 5-1)。与 TMY2 相比,TMY3 的生成算法有细微改动。持续性标准经过细微改动后,可以更好地从小样本数据中选取典型气象年的月份。另外,由于 NSRDB(1991—2005)更新数据中的实测资料不足 1%,因此,删除了之前版本中优先利用实测资料选择典型气象月的程序代码。由于存在上述改动,评估 TMY2 和 TMY3 算法差异带来的影响,成为了 TMY3 数据制作流程中的一部分。根据类似数据产品的制作经验,这些影响一般很小(Wilcox 和 Meyers,2008)。不过,实践证明,TMY2、TMY3 和 8 年年平均 NSRDB/SUNY 数据之间存在明显差异(图 5-11)。

为了模拟生成连续的 TMY3 辐射数据,输入数据中缺失的气象数据已经填充完整。对于某些可再生能源应用场景,这些经过填充的气象数据(数据文件中已做标记)也是有价值的。不过,这些数据不适用于气候学研究。

为了指导 TMY3 的开发和过程验证,NREL 利用 NCDC 发布的 TD3282 NSRDB 数据集制作了一套典型气象年(1961—1990)数据。这套典型气象年数据集只是为了算法评估,因此,

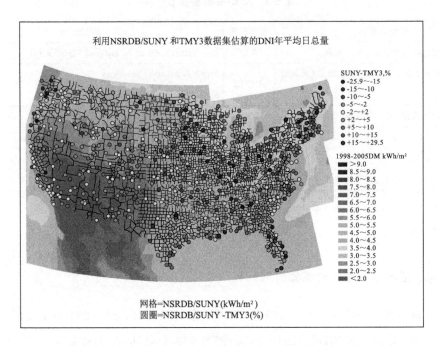

图 5-11　NSRDB/SUNY 模式计算的 DNI 年均日总量分布(1998—2005)

以及模拟结果和 TMY3 数据间的差异(见彩图)

(红圈代表 TMY3 < NSRDB/SUNY,蓝圈代表 TMY3 > NSRDB/SUNY)

(图片来源:NREL,Ray George)

数据没有公开发布。其中,缺失的气象数据也是通过填充补齐,方法与 NSRDB(1991—2005)的填充方法一致。为了评价不同时段的输入数据对结果的影响,我们以这套典型气象年(1961—1990)为参照数据,对下列各组数据进行了比较:

　　——1961—1990 年(参照数据,用于评估算法)

　　——1976—2005 年(用 30 年的数据集生成典型气象年)

　　——1991—2005 年(用 15 年的数据集生成典型气象年)

　　——1998—2005 年(用 8 年的数据集生成典型气象年)

　　利用软件,以上每一组数据集都生成了两组覆盖 233 个台站的典型气象年数据(TMY2数据集的 239 个台站中有几个没有足够的数据,无法展开分析,故只有 233 个台站)。然后,按照台站和参数对每一组典型气象年数据求平均值。

　　虽然数据元素的平均值不是典型气象年算法重点考虑的因素,但是平均值可以反映气候特征,也是检测结果中是否有较大偏移或误差的一种简易方法。表 5-5 展示的是所有台站(阿拉斯加州和夏威夷州除外)DNI 平均差异的范围,即任一台站的最大可能平均差异。

表 5-5 台站逐时 DNI 平均差异范围

数据间隔	台站 DNI 平均差异范围(W/m²)*
1961—1990	± 15
1975—2005	± 25
1991—2005	± 40
1998—2005	± 45

注:差异的计算方法:"新 TMY3"减去"原版 TMY2"中每个台站(233 个)的逐时 DNI。阿拉斯加和夏威夷的平均差异较大,接近−100W/m²,有待进一步研究。

表 5-6 和表 5-7 给出的分别是对比数据集的平均偏差和标准差,它们是用太阳参数的平均值和气象参数的平均值求得的。参与测试的典型气象年数据减去原版典型气象年(1961—1990)数据便可以得到偏差,它可以通过少量的源数据告知用户数据不确定度的增加情况(表 5-7 中尤为明显)。埃尔奇琼(El Chichón)和皮纳图博(Pinatubo)火山爆发的年份(分别是 1982—1984 年和 1992—1994 年)不在所选年份之列。这两次事件造成的火山气溶胶增加对太阳辐射的影响很大,并非典型情况,因此,典型气象年算法明确排除了这些年份。

表 5-6 偏差(测试数据减去原版典型气象年数据(1961—1990))

参数	1961—1990	1976—2005	1991—2005	1998—2005
DNI(W/m²)	−5.9	−1.1	−7.9	−1.7
GHI(W/m²)	−4.0	−5.7	−15.2	−11.7
干球温度(℃)	0.07	0.39	0.77	0.94
露点温度(℃)	0.08	0.33	0.81	1.08
风速(m/s)	0.02	−0.1	−0.3	−0.4

表 5-7 逐时数据的标准差

参数	1961—1990	1976—2005	1991—2005	1998—2005
DNI(W/m²)	6.7	11.9	21.0	32.5
GHI(W/m²)	2.8	5.3	10.0	15.1
干球温度(℃)	0.22	0.37	0.49	0.77
露点温度(℃)	0.28	0.43	0.57	0.82
风速(m/s)	0.12	0.20	0.30	0.34

除了水平面 ETR 和法向 ETR,每个逐时数据都配有质量标记,以指示来源和不确定度。来源标记可指示数据是实测数据、模拟数据还是缺失数据。不确定度标记给出的是数据的估算不确定度。通常,来源和不确定度标记与 NSRDB 的相同。在 TMY3 数据文件中,不确定度用正负百分数表示,而非 TMY2 文件中采用的不确定度编码。不确定度值只能反映数据与该时刻被测值之间的关系,不能反映数据在未来的情况。不确定度值表示的仅仅是一个数值的正负区间,在这个区间内有 95% 的可能是真值。

太阳辐射模拟数据的不确定度主要由模式偏差和随机误差两部分组成。有云的情况下，随机误差可能会增加几倍（Wilcox，2007）。因为有云时，1h内接收的日照可能很多，也可能很少，完全取决于太阳是否被云遮挡。因此，云天的逐时模拟值与真值相比可能会出现明显的偏离。太阳辐射模拟数据的不确定度代表了很多模式估算值（如1个月）的平均不确定度。对数据集进行平均后，随机误差趋于抵消，剩下的只有偏差。

记录时段：1991—2005 年。

时间分辨率：逐时。

空间范围：美国领土。

空间分辨率：1020 个台站（图 5-12）。

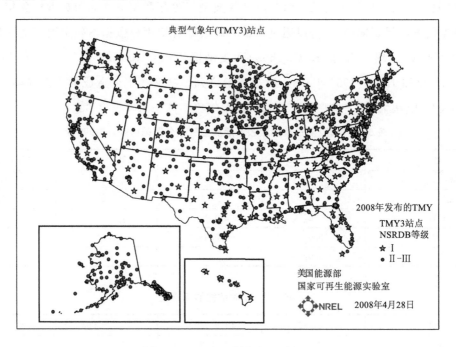

图 5-12　TMY3 观测站（见彩图）

（图片来源：NREL）

数据要素和来源：计算或模拟数据：水平面 ETR、法向 ETR、GHI 和光照度、DNI 和光照度、DHI 和光照度、天顶光照度。实测或观测资料：总云量、不透明云量、干球温度、露点温度、相对湿度、台站气压、风速、风向、水平能见度、云底高度、可降水量、气溶胶光学厚度、地表反照率和降水。

数据质量控制和质量评估：每个数据要素均有质量标记，可以指示来源和估算不确定度。

估算不确定度：该数据库由两个模式生成，因此，每个模式的基础不确定度都要进行估算。首先，通过比较模式输出和实测逐时数据间的差异，确定地面模式的基础不确定度。考虑到气象资料填充和观测自动化水平不高会增加输入数据的不确定度，基础不确定度在后期还经过了一轮修订。与此类似,卫星模式的基础不确定度也是通过模式评估确定的。在有积雪存在的季节或高纬地区,模式的性能会有所下降,进而导致基础不确定度升高。逐时模拟数据的不确定度变化范围,最优条件下约为 8%,较差的情况下可超过 25%。

获取途径:NREL RRDC 网站:http://rredc.nrel.gov/solar/old_data/nsrdb/1991-2005/tmy3/。

更新情况:2008 年发布。

5.4.25　太阳能资源知识管理与应用

太阳能资源知识管理与应用(Management and Exploitation of Solar Resource Knowledge,MESoR)项目于 2007 年 6 月启动,目的是消除不确定度和提高太阳能资源知识的管理水平。为了促进太阳能资源知识的有效利用,MESoR 整合了欧洲地区已经开展过的和正在开展的大型太阳能资源项目的结果,将其标准化,并由相关利益方统一发布。MESoR 有助于制定未来的研发路线图,以及提升欧洲在国际行业中的地位。该项目由几个部分组成,分别是用户指南活动(模式和数据集的参考对比;最佳实践手册)、信息的统一获取(先进信息技术的使用;一站式访问多个数据库)、其他计划(EU INSPIRE、NASA POWER、IEA SHC、IEA PVPS 和 GMES/GEO)、相关科学社区(能源、气象学、地理学、医学和生态学)以及信息传播(相关利益方的参与、未来研发和通信)。作为协同行动计划,MESoR 由欧盟委员会资助支持。

记录时段:1991—2005 年(欧洲和非洲),1999—2006 年(亚洲)。

时间分辨率:逐时。

空间范围:欧洲、西亚、非洲、澳大利亚部分地区和南美洲。

空间分辨率:2.5km。

数据要素和来源:来自地面实测和模拟结果的 GHI、DNI 和 DHI。

数据质量控制和质量评估:用于质量控制和质量评估的参考数据包括 BSRN 实测资料、IDMP 数据、GAW 数据及其他数据。对时间序列数据的分析选用平均偏差(MBE)、均方根误差(RMSE)和 K-S(Kolmogrov-Smirnov)检验三个统计指标。

估算不确定度:与 8 个 BSRN 测站的实测资料进行了比较,结果如表 5-8。

表 5-8　与 8 个 BSRN 测站资料对比得到的 MESoR 数据验证结果(平均偏差和均方根误差)

时间	GHI				DNI			
	平均值(W/m²)	MBE(%)	RMSE(%)	R^2	平均值(W/m²)	MBE(%)	RMSE(%)	R^2
小时	387.3	1.93%	18.79	0.97	467.8	−0.73	36.83	0.87
天	n/a	n/a	11.08	0.99	n/a	n/a	23.58	0.95
月	n/a	n/a	4.95	0.99	n/a	n/a	9.69	0.99
年	n/a	n/a	3.66	0.99	n/a	n/a	4.92	0.99

注:n/a 表示不适用。

获取途径:德国宇航中心网站:www.mesor.org。

5.4.26　国际日光观测计划(IDMP)

国际日光观测计划(International Daylight Measurement Program,IDMP)是由澳大利亚阿德莱德大学的 Derrick Kendrick 在国际照明委员会(Commission Internationale de l'Eclairage,CIE)技术委员会框架 3.07 下发起的。恰逢四年一次的 CIE 会议在 1991 年召开,当年被定为国际日光观测年。利用这次机会,世界各地的研究人员根据 IDMP 标准协议开始建立测站。为了与 IEA SHC 互相协作,IDMP 的观测和光谱辐射模拟工作一直持续到 1994 年。

记录时段:1991—1994 年。

空间范围:澳大利亚、加拿大、中国、法国、德国、希腊、印度、印度尼西亚、以色列、日本、韩国、荷兰、新西兰、葡萄牙、俄罗斯、新加坡、斯洛伐克、西班牙、瑞典、瑞士、英国和美国。

空间分辨率:43 个测站。

数据要素和来源:GHI、DNI、DHI、天顶光照度、光照度(包括垂直表面)、气温、相对湿度(或露点)、风速、风向、日照时数、天空成像仪和天空扫描仪。

数据质量控制和质量评估:IDMP 采用物理极限法(接受阈值)检查数据,并将观测值同模式结果进行了比较。这些模式已经过验证,而且考虑了不同的天空条件和不同的太阳位置。AQCCIE 程序可通过 http://idmp.entpe.fr/获取。

估算不确定度:无信息。

获取途径:法国国立国家公共工程学校网站:http://idmp.entpe.fr/。

5.4.27　地面辐射基准站网(BSRN)

1992 年,为了向世界气候研究计划(WCRP)和其他科学计划提供高质量的地面辐射连续观测资料,WCRP 启动了一个新的观测计划——地面辐射基准站网(Baseline Surface Radiation Network,BSRN)。几年后,BSRN 被并入 WCRP 全球能量与水循环交换项目(Global Energy and Water Exchanges,GEWEX)的辐射委员会。

BSRN 的宗旨是提供高分辨率和高质量的地面短波和长波辐射通量观测资料。这些资料来自少量具有气候代表性的测站,这些测站同时也采集地面和高空气象数据,并开展其他辅助观测。BSRN 观测资料有以下几个用途:

(1)用最先进的方法监测背景短波和长波辐射分量(在受人类直接活动影响最小的区域)及其变化;

(2)提供数据,以验证和评估卫星观测的地面辐射通量;

(3)生成高质量的观测数据,以验证气候模式的计算结果,同时利用观测数据开发具有地方和区域代表性的辐射气候学分析产品。

目前,正在运行的 BSRN 站约有 40 个。这些测站观测的辐射项目存在差异。一部分测站只根据 BSRN 技术方案开展基本观测(Hagner et al. ,1998)。其他测站除基本观测外,还开展天气尺度气象观测、高空探测、臭氧观测和其他扩展观测。

BSRN 数据库发布在 PANGAEA 网站上(PANGAEA 之前的名字称 PANGAEA theory)。这个专门发布地球科学和环境科学数据的网站是一个开放式获取库,目的是为了存档、发布和传播与地球系统研究有关的数据。通过 PANGAEA 网站的搜索引擎或 http://bsrn. awi. de/可以找到 BSRN 数据。所有数据的说明(即元数据)是可以查看的,而且测站首席科学家的姓名和联系邮箱也列在其中。只要接受了网站上的数据发布指南,任何人都可以在线访问数据。

除了 PANGAEA 网站,测站存档文件(没有导出要素和质量标记)还可以通过 ftp 服务器获取:ftp. bsrn. awi. de(请联系 Gert. Koenig-Langlo@awi. de)。

由于具有研究级质量,BSRN 数据已为人们所熟知,并被广泛用于模式的开发和验证工作。

记录时段:1992 年至今。

时间分辨率:1min。

空间范围:全球。

空间分辨率:40 个测站(图 5-13)。测站列表:http://bsrn. awi. de/stations/listings/。

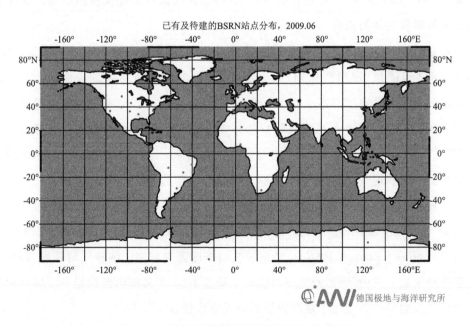

图 5-13　地面辐射基准站网测站分布(见彩图)

(图片来源:NREL)

数据要素和来源:观测要素的数量和种类随测站不同而变化。基本的辐射观测量包括 GHI、DNI、DHI、向下红外辐射、向上红外辐射以及向上(反射的)短波辐射。测量所用的辐射表也来自不同的厂家。另外,还有天气尺度气象观测、高空探测以及其他扩展和辅助观测(详情请见 http://bsrn. awi. de/data/measurements/)。

数据质量控制和质量评估:测站的设计及运维必须符合 BSRN 的既定要求。测站的科学家对观测和数据质量负责。测站负责人每个月都要做一份测站存档文件,具体要求参照 Hegner(1998)(详情请见 http://bsrn. awi. de/data/station-to-archive-file-format/)。

估算不确定度:BSRN 的观测标准由 WMO 的 WCRP 设立。宽带太阳辐射观测资料的规定准确度为 $15W/m^2$,热红外观测资料为 $110W/m^2$。

获取途径:世界辐射监测中心(World Radiation Monitoring Center, WRMC)提供网页和 ftp 两种数据获取方式(http://bsrn. awi. de/data/data-retrieval-via-pangaea/)。

更新情况:BSRN 存档数据由 WRMC 负责维护,并定期更新(http://bsrn. awi. de/data/data-retrieval-via-pangaea/)。

5.4.28　地表辐射收支观测网(SURFRAD)

在 NOAA 全球项目办公室的资助下,地表辐射收支观测网(Surface Radiation Budget Network, SURFRAD)于 1993 年正式启动,其目的是为气候研究提供覆盖全美的长期、准确、连续的地表辐射收支观测资料。

当前正在运行的 SURFRAD 测站共有 7 个,分别位于气候背景截然不同的蒙大拿州、科罗拉多州、伊利诺伊州、密西西比州、宾夕法尼亚州、内华达州和南达科他州。因此,SURFRAD 是第一个完全覆盖美国本土的地表辐射收支观测站网。为了使测站能够最好地代表美国的不同气候,NOAA、NASA 及相关院校的科学家们为测站选址付出了巨大努力。在选址过程中,如果备选场址周边大范围区域内的地形和植被特征比较均一,那么可以认为这个测点的观测资料更能反映这一区域的气候特征。因此,这种备选场址会被重点关注。

为了计算地表净辐射通量,每一个测站都安装了宽带太阳辐照度和红外辐照度观测仪器,包括观测 DNI 的直接辐射表。观测光谱辐照度是为了采集紫外辐射和光合有效辐射(photosynthetically active radiation,PAR)。特定波长的光度测量可用于估算气溶胶光学厚度、臭氧柱总量和可降水量。其中,气溶胶光学厚度对于确定 DNI 及其前向散射量——环日辐射非常重要。地面气象测量主要是用于观测云量的全天空成像仪。

测站数据经过下载、质量控制和处理环节之后,会以逐日文件的形式通过 FTP 或因特网发布出去,时效性接近实时获取。SURFRAD 观测资料已被用于卫星地表辐射资料的评估,以及水文模式、天气预报模式和气候模式的验证。由于站网在设计和运行环节都考虑了质量保证,因此,在数据质量控制的帮助下,SURFRAD可以持续地提供高质量的观测产品。

位于博尔德的SURFRAD测站负责全网的仪器校准工作。此外,该站还为北美地区的几家紫外辐射监测机构提供分光辐射计校准服务。

记录时段:1993年至今。

时间分辨率:3min平均值(1s采样间隔,2009年1月1日前),1min平均值(1s采样间隔,2009年1月1日起)。

空间范围:美国。

空间分辨率:7个测站(蒙大拿州、科罗拉多州、伊利诺伊州、密西西比州、宾夕法尼亚州、内华达州以及南达科他州,图5-14)。

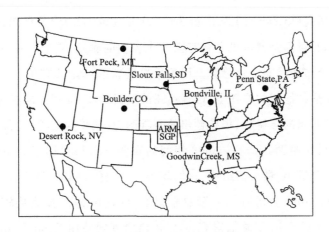

图 5-14　SURFRAD 站网(NOAA ESRL GMD 运维)

(图片来源:NREL)

数据要素和来源:GHI、DNI、DHI、向下红外辐射、向上红外辐射、向上(反射的)短波辐射、光合有效辐射(PAR)、太阳净辐射、红外净辐射、气温、相对湿度、10m风速、10m风向和全天空图像(详情请见 http://www.esrl.noaa.gov/gmd/grad/surfrad/)。

数据质量控制和质量评估:各个测站实行定期维护。测站数据经过下载、质量控制和处理环节之后,会以逐日文件的形式通过FTP或www.srrb.noaa.gov网站发布出去,时效性接近实时获取。辐射表每年校准一次。同时,作为仪器更换流程的一部分,野外观测资料会与标准资料进行比较。每个数据元素都会分配一个单独的质量评估标记。此外,通过对比辐射三要素(总辐射、直接辐射和散射辐射)的冗余度(同种分量用几台仪器同步测量)来检查SUR-FRAD观测资料的内部一致性(各种采样间隔),也是一种有效的质量控制办法。

估算不确定度:根据仪器的选型、安装和运维情况,各种辐射要素日总量(订正后)的估算不确定度如下:实测DNI为±2%;由实测GHI和DHI计算得到的DNI为±8%;由实测DNI和DHI计算得到的GHI为±5%;经过热偏差订正的实测GHI为±5%;DHI为±15%+

$5W/m^2$。SURFRAD 采用 BSRN 观测标准。宽带太阳辐射观测资料的规定准确度为 $15W/m^2$,热红外观测资料为 $110W/m^2$。为了达到更好的观测效果,宽带太阳辐射仪器由 NREL 负责校准,校准标准可溯源至瑞士达沃斯的世界辐射测量基准(WRR)。

获取途径:NOAA ESRL GMD 网站:ftp://aftp.cmdl.noaa.gov/data/radiation/surfrad/ 和 www.srrb.noaa.gov。

SURFRAD 同时也向 BSRN 存档库提交资料:www.bsrn.awi.de/。

更新情况:连续观测、持续更新。

5.4.29 地面辐射集成研究(ISIS)

地面辐射集成研究(Integrated Surface Irradiance Study,ISIS)是早期 NOAA 地表太阳辐射监测计划的延续,其目标是通过设立具有区域代表性的测站,获取长期连续观测资料,以研究太阳辐射的空间分布和时间变化趋势。用于采集资料的台站共有 10 个,分别是:新墨西哥州的阿尔布开克、北达科他州的俾斯麦、内华达州的黑岩沙漠、加利福尼亚州的汉福德、威斯康星州的麦迪逊、田纳西州的橡树岭、华盛顿州的西雅图、犹他州的盐湖城、弗吉尼亚州的史提林以及佛罗里达州的塔拉哈西。1995—2008 年间的观测资料均存档于 NCDC。数据由 15min 平均值、标准偏差以及最小/最大值组成,它们均由 1s 采样间隔的 GHI 计算而来。GHI 的观测选用 Eppley Laboratory 公司的 PSP 型总辐射表,DNI 由 NIP 型直接辐射表测得,DHI 的观测仪器选用 PSP 型或 8-48 型总辐射表,UV-B 辐照度则使用 Solar Light 的紫外线生物计进行测量。此外,GHI 的测量还选用了光电型总辐射表和配有光电二极管探测器的旋转遮光带辐射计(RSR)。除了 GHI,前者还可测量最大辐射、最小辐射和光合有效辐射(PAR),而后者可以测量太阳天顶角(SZA)。

由于缺少资金,该站网于 2006 年 1 月停止运行。

记录时段:1995—2006 年。

时间分辨率:15min。

空间范围:美国大陆。

空间分辨率:10 个台站。

数据要素和来源:GHI、DNI、DHI 和 UV-B 总辐射。

数据质量控制和质量评估:NOAA SRRB 曾试图用 ISIS 资料生成一套质量最好的数据集。然而,由于仪器测量准确度和校准质量的原因,数据质量也受到了影响。尽管如此,为了确保数据质量达到最优,SRRB 在质量保证(QA)和质量控制方面仍然做了很多尝试。在处理每天的文件时,数据会采用自动化流程处理。在发布数据前,除了这个一级检查,每天还要进行目视检查。

质量保证(QA)方法可以避免仪器的现场故障和仪器部署后的数据问题。每一个台站的全部仪器,每年会用新校准的仪器替换一次。校准工作由国际公认机构负责。其中,直接辐射表和总辐射表由 NREL 负责校准,校准用的标准仪器可溯源至世界辐射测量基准(WRR)。UV-B 仪器的校准因子来自三台标准仪器,均由 SRRB 下设的国家紫外校准机构负责维护。一般来说,SRRB 和 NREL 的所有标准均可溯源至国家标准与技术研究院(National Institute of Standards and Technology)或相关等效机构。

估算不确定度:根据仪器选型、安装和运维情况,各种辐射要素日总量(订正后)的估算不确定度如下:实测 DNI 为±2%,由实测 GHI 和 DHI 计算得到的 DNI 为±8%,GHI 为±5%,DHI 为±15%+5 W/m²。

获取途径:NOAA ESRL GMD 网站:http://www.esrl.noaa.gov/gmd/grad/isis/。

更新情况:1995 年首次发布,观测资料持续更新至 2005 年。

5.4.30　Satel-Light

Satel-Light 是一个覆盖欧洲地区的日光和太阳辐射数据库。它的 GHI 数据是用欧洲静止气象卫星(Meteosat)的影像和模式生成的,该模式可以用估算的云量计算云指数,并求解 GHI。有了 GHI 后,再利用 Page 模式(Page,1996)求得 DNI。Satel-Light 的数据服务器还提供整个欧洲地区的资源图谱。

记录时段:1996—2000 年。

时间分辨率:30min。

空间范围:欧洲。

空间分辨率:5km。

数据要素和来源:DNI、GHI、DHI、POA 辐照度、水平面光照度、倾斜面光照度和天空亮度分布。

数据质量控制和质量评估:卫星模式的估算结果和最终数据产品均与 25 个测站的实测资料进行了比较(Dumortier,1998;Olseth 和 Skartveit,1998)。

估算不确定度:为了评估模式在各种天空条件下的性能,模拟结果与欧洲地区 25 个测站的资料进行了比较。结果表明,GHI 的年均偏差为−1%～3%,均方根误差的变化范围在 20%(阳光相对充足的欧洲南部)～40%(多云天气较多的欧洲北部)之间。

获取途径:www.satellight.com/indexgS.htm。

5.4.31　大气辐射测量项目(ARM)

大气辐射测量项目(Atmospheric Radiation Measurement,ARM)气候研究设施是美国能

源部(DOE)为开展全球变化研究而设立的国家级科研设施,可向国内和国际研究团体开放。ARM 开展的研究涉及气候变化、土地生产力、海洋及其他水资源、大气化学和生态系统。其中,太阳辐照度和红外辐照度的测量是 ARM 的重要任务,由此展开的连续观测主要集中在三个区域。从 1997 年起,ARM 陆续在堪萨斯州和俄克拉荷马州的南部大平原上部署运行了 23 个太阳红外辐射测站(Solar Infrared Station,SIRS),并在热带西太平洋的 3 个测站和阿拉斯加北坡的 2 个测站上安装了 GNDRAD(Ground Radiometers on Stand for Upwelling Radiation)和 SKYRAD(Sky Radiometers on Stand for Downwelling Radiation)。这些观测资料的质量属于研究级别,因此可用于验证各种大气模式。

ARM 还可提供其他观测资料,如气溶胶光学厚度、可降水量、云量、云光学厚度、地表反照率、分光光谱辐照度、气温廓线、气压廓线和水汽等。

记录时段:1997 年至今。

时间分辨率:20s 瞬时采样值和 1min 平均值(由 2s 瞬时值求得)。

空间范围:美国南部大平原、阿拉斯加北坡和热带西太平洋(图 5-15)。

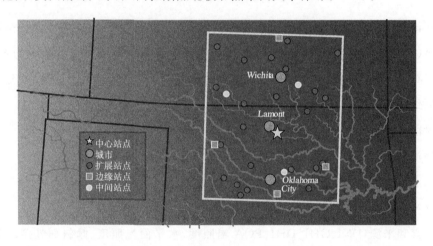

图 5-15　美国南部大平原上运行的 23 个 ARM 测站(始于 1997 年)(见彩图)

(图片来源:DOE)

空间分辨率:美国南部大平原的 23 个测站、阿拉斯加北坡的 2 个测站和热带西太平洋的 3 个测站。

数据要素和来源:GHI、DNI、DHI、向下红外辐射、向上红外辐射和向上(反射的)短波辐射。测量设备为 Eppley Laboratory 公司的 PSP 型总辐射表(GHI、DHI 和向上短波辐射)、8-48 型总辐射表(2000 年之后的 DHI)、NIP 型直接辐射表(DNI)以及 PIR 型地球辐射表(向上红外辐射和向下红外辐射)。

数据质量控制和质量评估:在维护方面,阿拉斯加北坡和热带西太平洋的测站每天检查一次,南部大平原的中央测站也是每天检查一次,其他测站两周检查一次。数据先用 SERI-QC

质量评估方法进行处理,并用目测检查时间序列,然后将数据与其他相关观测资料和模式输出结果(如晴空模式的模拟结果)进行比较。总辐射表观测资料已经过热偏移订正。ARM 数据质量办公室会以报告形式汇总所有资料的质量情况,时间分辨率有逐时和逐日两种。每次测量都有数据质量标记。所有的辐射表每年会在俄克拉荷马州拉蒙特附近的 ARM 辐射表校准机构进行校准。用于校准的标准辐射表会与 NREL 的辐射标准进行对比。总辐射表和直接辐射表的校准均可溯源至世界辐射测量基准(WRR)。

估算不确定度:根据仪器的选型、安装和运维情况,估算得到的太阳辐射日总量(订正后)不确定度如下:DNI 为 $\pm 2\%$,GHI 为 $\pm 5\%$,DHI 为 $\pm 15\% + 5W/m^2$。

获取途径:ARM 网站(www.arm.gov)。有 SIRS 标记的数据同时上传提交至 BSRN 网站(www.bsrn.awi.de/)。

更新情况:连续观测持续更新,并提供增值数据产品。

5.4.32 3-Tier 太阳能时间序列

3-Tier 在西半球的数据是用 12 年以上的 GOES 卫星(GOES East,GOES West 和 GOES South)可见光通道影像制作而成的。卫星资料的时间分辨率为 30min,空间分辨率大约为 1km。该产品可以提供长达 12 年以上的逐时 GHI、DNI 和 DHI 序列,水平分辨率约为 3km。

3-Tier 的卫星影像处理算法综合了自主研发和公开发表的学术成果。算法中的经验参数和系数是用观测资料拟合而来的。在模式开发和验证的过程中,3-Tier 使用了 SURFRAD、BSRN、NSRDB、澳大利亚气象局、新西兰国家水文大气研究所(NIWA)和印度气象局的观测资料,还使用了法国国立巴黎高等矿业学校的 Linke 浑浊度数据库以及美国国家冰雪数据中心(NSIDC)的 24km 积雪数据。

卫星影像的基本处理方案参考 SUNY 模式(Perez et al.,2002),并在此基础上做了一些改进,如更高的时空分辨率、针对季节变率的校正因子、与地面观测资料间的经验拟合以及瞬时辐照度值向小时值的转换。经过改进后,该数据产品的均方根误差(RMSE)小于 NSRDB 的 SUNY 数据集(1998—2005)。

记录时段:1997 年 1 月—2009 年 3 月。

时间分辨率:30min 瞬时值和 1h 平均值。

空间范围:西半球、亚洲大部分地区以及大洋洲。

空间分辨率:2 弧分(约 3km)。

数据要素和来源:基于卫星遥感资料的 GHI、DNI 和 DHI 模拟估算值。

数据质量控制和质量评估:3-Tier 模式用 BSRN、SURFRAD 和 NSRDB 中的一些区域观测站网资料进行过验证。

估算不确定度:美国本土 36 个测站的资料(1998—2005 年)与 3-Tier 数据的比较结果显示,每种辐射分量的均方根误差和偏差(W/m²)分别是:GHI[77/4],DNI[181/4],DHI[63/4]。

获取途径:www. vaisala. com/en/energy/Renewable-Energy-Consulting-Services/Solar-Energy-Assessment-Services/Pages/default. aspx。

更新情况:2008 年发布了西半球数据,之后持续更新,截至 2009 年 11 月,印度、澳大利亚和日本地区的数据也已发布。

5.4.33　清洁能源研究——Solar Anywhere

Solar Anywhere 是一种可以提供太阳辐射逐时数据的网络服务。它是通过处理卫星影像和大气数据得到的,算法由纽约州立大学(SUNY)的 Richard Perez 博士开发并负责维护(Perez et al. , 2002)。

记录时段:1998 年至今。

时间分辨率:逐时。

空间范围:美国大陆和夏威夷。

空间分辨率:10km。

数据要素和来源:GHI、DNI、风速和环境气温。

数据质量控制和质量评估:Perez/SUNY 模式问世后,已用 SURFRAD 测站的实测资料进行过验证。

估算不确定度:模拟数据与美国 10 个测站实测资料的比较结果显示(Perez et al. , 2002),逐时 GHI 的年平均均方根误差(RMSE)和年平均平均偏差(MBE)分别是 14.0% 和 0.8%,DNI 的分别为 29.8% 和 0.9%。

获取途径:Clean Power Research 网站:www. cleanpower. com/SolarAnywhere。

更新情况:版本控制。

5.4.34　太阳能采集(SOLEMI)

SOLEMI 是德国宇航中心(DLR)推出的一项高质量太阳辐射数据服务。它采用欧洲静止气象卫星资料,空间分辨率 2.5km,时间分辨率 30min。SOLEMI 的太阳能资源图谱和逐时时间序列数据几乎可以覆盖半个地球表面。

记录时段:无信息。

时间分辨率:30min。

空间范围:欧洲、非洲和亚洲。

空间分辨率:2.5km。

数据要素和来源:无信息。

数据质量控制和质量评估:无信息。

估算不确定度:无信息。

获取途径:www. solemi. com/home. html。

更新情况:无信息。

5. 4. 35 GeoModel

GeoModel 是用自主算法和自有计算资源处理 MSG 卫星资料和大气参数得到的数据库产品。

记录时段:2004 年 4 月至今。

时间分辨率:15min。

空间范围:欧洲、非洲和中东地区。

空间分辨率:利用 DEM SRTM-3 将分辨率从 5km 降至 80m。

数据要素和来源:DNI、GHI、DHI 和气温(地面以上 2m)。

数据质量控制和质量评估:模拟数据与 50 个站点(欧洲和北非地区)的实测资料进行过比较。

估算不确定度:模拟数据与欧洲和北非测站实测资料的对比结果统计汇总如表 5-9 所示。

获取途径:http://solargis. com/。

表 5-9 GeoModel 数据验证汇总

辐射分量	站点数量	平均偏差	均方根误差
GHI	50	−1.4%	20%(逐时)
			10.7%(逐日)
			4.7%(逐月)
DNI	30	−2.5%	38.2%(逐时)
			24.4%(逐日)
			10.7%(逐月)

参考文献

Dumortier D, 1998. Daylight Availability in Freiburg and Nantes, Two Sites Close in Latitude[R]. Report for the Sixth SATELLIGHT Meeting in Freiburg, Germany, September 1998.

Hall I, Prairie R, Anderson H, Boes E, 1978. Generation of Typical Meteorological Years for 26 SOLMET Stations[R]. SAND78-1601. Albuquerque, NM: Sandia National Laboratories.

Hegner H, Müller G, Nespor V, Ohmura A, Steigrad R, Gilgen H, 1998. Technical Plan for BSRN Data Management (WRMC Technical Report No. 2) [R]. WMO/TD-No. 882. WCRP/WMO, Geneva.

Hulstrom R L,1989. Solar Resources[M]. The MIT Press, Cambridge, MA.

Kalnay E, Kanamitsu M, Kistler R, Collins W, Deaven D, Gandin L, Iredell M, Saha S, White G, Woollen J, Zhu Y, Chelliah M, Ebisuzaki W, Higgins W, Janowiak J, Mo K C, Ropelewski C, Wang J, Leetmaa A, Reynolds R, Jenne R, Joseph D, 1996. The NCEP/NCAR 40-Year Reanalysis Project[J]. Bulletin of the American Meteorological Society, 77:437-471.

Kistler R, Kalnay E, Collins W, Saha S, White G, Woollen J, Chelliah M, Ebisuzaki W, Kanamitsu M, Kousky V, van den Dool H, Jenne R, Fiorino M, 2001. The NCEP-NCAR 50-Year Reanalysis: Monthly Means CD-ROM and Documentation[J]. Bulletin of the American Meteorological Society, 82:247-267.

Lohmann S, Schillings C, Mayer B, Meyer R, 2006. Long-Term Variability of Solar Direct and Global Irradiance Derived from ISCCP Data and Comparison With Re-Analysis Data[J]. Solar Energy, 80:1390-1401.

Marion W, 1994. Summary Information and Data Sets for the HBCU Solar Measurements Network[R]. NREL/TP-463-7090. Golden, CO: National Renewable Energy Laboratory.

Marion W, Myers D, 1992. A Comparison of Data from SOLMET/ERSATZ and the National Solar Radiation Database[R]. NREL/TP-463-5118. Golden, CO: National Renewable Energy Laboratory.

Marion W, Urban K, 1995. Users Manual for TMY2s-Typical Meteorological Years Derived From the 1961-1990 National Solar Radiation Database[R]. NREL/TP-463-7668. Golden, CO: National Renewable Energy Laboratory.

Maxwell E L, 1998. METSTAT-The Solar Radiation Model Used in the Production of the National Solar Radiation Database (NSRDB) [J]. Solar Energy, 62:263-279.

Mehos M, Perez R, 2005. Mining for Solar Resources: U. S. Southwest Provides Vast Potential[J]. Imaging Notes, 20(2):12-15.

Meyer R, Butron J T, Marquardt G, Schwandt M, Geuder N, Hoyer-Klick C, Lorenz E, Hammer A, Beyer H G, 2008. Combining Solar Irradiance Measurements and Various Satellite-Derived Products to a Site-Specific Best Estimate[C]. Solar PACES Symposium, Las Vegas, NV, 2008.

Mueller R W, Dagestad K F, Ineichen P, Schroedter M, Cros S, Dumortier D, Kuhlemann R, Olseth J A, Piernavieja G, Reise C, Wald L, Heinnemann D, 2004. Rethinking Satellite Based Solar Irradiance Modelling: The SOLIS Clear Sky Module[J]. Remote Sensing of Environment, 90 (2):160-174.

Myers D R, Stoffel T L, Reda I, Wilcox S M, Andreas A, 2002. Recent Progress in Reducing the Uncertainty in and Improving Pyranometer Calibrations[J]. Transactions of the ASME, 124:44-50.

NASA, 2008. http://eosweb. larc. nasa. gov/cgi-bin/sse/print. cgi? accuracy. txt[R].

NCDC, 1979a. Final Report-Hourly Solar Radiation-Surface Meteorological Observations [R]. TD-9724. Asheville, NC: National Climatic Data Center.

NCDC, 1979b. SOLDAY User's Manual (TD9739) Daily Solar Radiation-Surface Meteorological Data[R]. Asheville, NC: Environmental Data and Information Service.

NCDC, 1978. User's Manual-Hourly Solar Radiation-Surface Meteorological Observations[R]. TD-9724. Asheville, NC: National Climatic Data Center.

NREL, 1993. User's Manual for SERI_QC Software-Assessing the Quality of Solar Radiation Data[R]. NREL/TP-463-5608. Golden, CO: National Renewable Energy Laboratory.

NSRDB, 1992. User's Manual-National Solar Radiation Database (1961-1990): Version 1. 0[R]. Golden, CO: National Renewable Energy Laboratory and Asheville, NC: National Climatic Data Center.

NSRDB, 1995. Final Technical Report: National Solar Radiation Database (1961-1990) [R]. NREL/TP-463-5784. Golden, CO: National Renewable Energy Laboratory.

Olseth J A, Skartveit A, 1998. High Latitude Global and Diffuse Radiation Estimated from METEOSAT Data [C]. European Conference on Applied Climatology, ECAC 98, Vienna, Austria, October 19-23, 1998.

Perez R, Ineichen P, Moore K, Kmiecik M, Chain C, George R, Vignola F, 2002. A New Operational Satellite-to-Irradiance Model[J]. Solar Energy, 73(5):307-317.

Pinker R T, Laszlo I, 1992. Modeling Surface Solar Irradiance for Satellite Applications on a Global Scale[J]. Journal of Applied Meteorology, 31:194-211.

Remund J, Lefèvre W L, Ranchin M, Page T, 2003. Worldwide Linke Turbidity Information, ISES Solar World Congress[C]. Solar Energy for a Sustainable Future, Göteborg, Sweden.

Rigollier C, Bauer O, Wald L, 2000. On the Clear Sky Model of the 4th European Solar Radiation Atlas with Respect to the Heliosat Method[J]. Solar Energy, 68(1):33-48. See also: Geiger M, Diabaté L, Ménard L, Wald L, 2002. A Web Service for Controlling the Quality of Global Solar Irradiation[J]. Solar Energy, 73(6):475-480.

Thornton P E, Running S W, 1999. An Improved Algorithm for Estimating Incident Daily Solar Radiation from Measurements of Temperature, Humidity, and Precipitation[J]. Agriculture and Forest Meteorology, 93:211-228.

Thornton P E, Hasenauer H, White M A, 2000. Simultaneous Estimation of Daily Solar Radiation and Humidity from Observed Temperature and Precipitation: An Application Over Complex Terrain in Austria [J]. Agricultural and Forest Meteorology, 104:255-271.

Tomson T, Russak V, Kallis A, 2008. Dynamic Behavior of Solar Radiation//Badescu V, ed, Modeling Solar Radiation at the Earth's Surface[M]. Berlin: Springer: 257-281.

Wilcox S, 2007. National Solar Radiation Database 1991-2005 Update: User's Manual[R]. NREL/TP-581-41364. Golden, CO: National Renewable Energy Laboratory.

Wilcox S, Marion W, 2008. Development of an Updated Typical Meteorological Year Data Set for the United States[C]. Proceedings of the Solar 2008 Conference.

Wilcox S, Marion W, 2008. Users Manual for TMY3 Data Sets[R]. NREL/TP-581-43156, Revised May 2008. Golden, CO: National Renewable Energy Laboratory.

Wilcox S, Myers D, 2008. Evaluation of Radiometers in Full-Time Use as the National Renewable Energy Laboratory Solar Radiation Research Laboratory[R]. NREL/TP-550-44627. Golden, CO: National Renewable Energy Laboratory.

Wilcox S, Marion W, 2008. Users Manual for TMY3 Data Sets[R]. NREL/TP-581-43156, revised May 2008. Golden, CO: National Renewable Energy Laboratory.

Zelenka A, Perez R, Seals R, Renné D, 1999. Effective Accuracy of Satellite-Derived Irradiance[J]. Theoretical and Applied Climatology, 62:199-207.

6　太阳能资源数据在 CSP 项目中的应用

一个 CSP 项目从评估到运营可以分为四个阶段，每个阶段对太阳能资源和气象信息的需求各不相同（图 6.1）。为了让项目开发商和投资方在不同的项目阶段都可以获取最佳的太阳能资源和气象信息，本章先介绍 CSP 项目评估所用的工具和相关技术，然后结合不同类型的 CSP 系统介绍几个可以改进太阳能资源现场测量的步骤和方法。

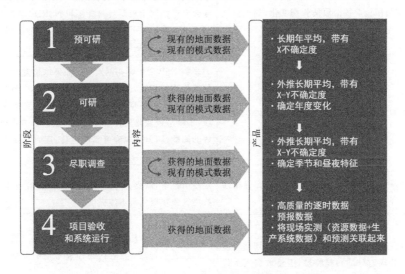

图 6-1　CSP 项目的四个阶段

（图片来源：NREL，David Renne 和 Connle Komomua）

理想状态下，一个 CSP 项目应当有累计数年的高质量现场实测资料，其测试和计量过程得当，且与地面系统相匹配。然而，现实中并没有这样的数据。因此，项目开发商必须依靠一些技术和有限的数据确定当地的资源特性。这些数据有质量参差不齐的实测资料、卫星资料和模拟数据（如 NSRDB），也有场址附近的实测资料。不过，由于时空变率的问题，附近测站的资料不一定适用于该场址。以 NSRDB 数据产品为例，它不但有逐时统计量，而且还有代表15 年或 30 年的典型气象年数据。绝大多数 NSRDB 台站可以提供模拟数据，它们由云量和其他气象资料计算得来，并非实测结果（见第 5 章）。

在项目选址和预可研阶段，现场没有高质量的实测数据可用。若要估算年度产能只能通过历史数据，如 Perez SUNY 卫星数据和 NSRDB。到了可研阶段（如工程分析和尽职调查），现场会积累一部分高质量的测量数据。不过,这些实测数据样本较少,需要对其进行外推,以包含当地资源的季节趋势和年际变化。项目验收和系统运行时,现场应当完全参考实测数据,并借助卫星资料将数据拓展到场址周围的区域。

评估潜在场址时,项目开发商可以参考表 6-1 中的内容。

表 6-1　场址评估

评估步骤	面临的问题	解决方案和见解
选址	待评估的场址是什么样的?	
	待评估的场址只有一个吗?	如果待评估的场址不止一个,那么开发商会从两个或多个备选场址中择一,还是会勘察更大的区域范围?如果有多个备选场址,那么开发商可以通过资源图谱评估资源及其不确定度,下面有示例。
整个项目周期内的产能估算	短期资源数据只能预估未来几年的产能情况,如何用短期数据预估长期变化,如项目周期内(未来 30 年)的现金流情况呢?	不同的地点有不同的年际变率,例如,季风区在夏季的年际变率较高。通常情况下,现场只有几年的实测数据。因此,接下来会介绍如何用短期实测资料和 NSRDB 长期模拟数据(长达 45 年)预估未来产能,以及如何将场址实测资料和附近的 NSRDB 台站数据联系在一起。
系统性能如何随时间变化以及系统运行策略	对于 DNI 来说,季节和昼夜变化有多重要?	大多数 CSP 项目会并网发电。如果电价随时间变化,那么,与估算年均值相比,了解昼夜变化和未来几个月的月均值会显得更加重要。如果项目配有储热系统,为了分析充热及发电时段,了解昼夜变化同样十分重要。虽然储热系统大大减缓了系统的间歇性,但是准确可靠的逐日、逐时或亚小时辐射数据仍然是项目所需。
	数据是否需要和当前电网的实际负荷相匹配,以便于控制并网和系统间歇性?	这种情况下,需要有特定时段的逐日、逐时或亚小时数据,这是典型气象年数据所不能提供的。
	开发商可以获取的各种数据源,其时空特性如何?这些特性如何影响系统性能评估?鉴于星载辐射计的扫描特性,卫星数据通常代表时间快照,有瞬时值,也有 5min 平均值。以 NSRDB 中的 SUNY 卫星数据为例,单个像元大小为 1km,且位于 10km 网格单元的中心处。最新的卫星方法将 1km 的像元平均到 3~5km 的网格单元上。	示例:当地实测太阳能数据的采样时间间隔较短(6min 及以下),经过平均后,会把它处理成所需的时间分辨率(通常为 1h)。示例:地表模拟数据,如 NSRDB 和 METSTAT,都经过一定程度的平滑处理。这些数据是用云量观测资料估算得到的,而观测资料都是从单点上测得的 30min 平均值,空间半径约为 40km。

6.1　数据在选址和预可研阶段的应用

6.1.1　DNI 数据源综述

以下信息仅针对美国地区,主要是西南部地区。表 6-2 中的数据源是 CSP 项目开发中最有可能用到的,适用于其他地区的数据源可以参考第 3 章。

表 6-2　DNI 数据源

数据源	记录时段	来源	备注
NSRDB/SUNY 网格数据月均和年均 DNI	1998—2005 年	SUNY 模式（见第 4 章）	空间间隔为 0.1°的均匀网格（美国大陆和夏威夷），提供月均和年均值。卫星模式对高地表反照率地区（积雪、沙地和盐滩）的 DNI 估算偏低，为了订正这一问题，该产品上调了西南地区约 2100 个网格单元的 DNI。
NSRDB/SUNY 网格数据逐时 DNI	1998—2005 年	SUNY 模式（见第 4 章）	不同格式的逐时时间序列数据可以通过 NREL 的 Solar Prospector 网站或 NOAA 的 NCDC 网站获取。数据没有经过地表反照率订正。
TMY2	1961—1990 年	1961—1990 NSRDB（见第 4 章）	典型月份的年均和月均 DNI 可能与 30 年的月平均状况不一致。
TMY3	1991—2005 年 1976—2005 年	1991—2005 NSRDB（见第 4 章）	排除了由于火山喷发而导致平流层气溶胶浓度增加的年份。台站的 DNI 平均值可能与长期平均值不一致。
实测 DNI	1977 年至今	多种来源（见第 4 章）	1977—1980 年间的 NOAA 观测站网数据和 1993 年至今的 SURFRAD 站网数据。
地面气象观测	1961—2005 年	NSRDB	NSRDB 产品中（通常是位于机场的 NWS 站点）提供的 15 年或 30 年观测数据集，一般来自机场周围的 NWS 测站，质量非常可靠。
模拟天气数据	1998—2005 年	北美区域再分析资料	空间分辨率为 32m 和时间分辨率为 3h 的模拟数据。建议用户在计算平均气温和露点时最好与附近台站的实测资料作比较。

6.1.2　选址过程

项目开发前期需要对潜在场址进行预可行性评估。预可行性评估的目标是估算 CSP 电站在不同场址的年度产能。通常，这一阶段会使用太阳能资源历史数据集，比如网格化的 NSRDB / SUNY 资源图谱（表 6-2）。这些数据产品所用的方法比较统一，可以有效地识别太阳能资源潜力最大的地区。在利用资源图谱对当地资源进行预评估时，应假设存在一个较大的潜在误差（约 15%）。这样一来，如果理想的日资源量是 $7.0kWh/m^2$，而图谱上的日资源量可以达到 $6.0kWh/m^2$ 的话，那么这个位置就应当考虑。

由 NREL CSP 项目（http://www.nrel.gov/csp/assets/pdfs/csp_sw.pdf；Mehos 和 Perez，2005）开展的美国西南地区 CSP 发电潜力分析就是一个预可行性评估的案例。这个案例在考虑土地利用限制的情况下（如保护区、坡地和与输电线路间的距离），利用 GIS 的筛选功能制作了 CSP 资源图谱，并突出了那些适合 CSP 项目开发的潜在地区（图 6-2 和图 6-3）。结果表明，尽管有些土地利用方面的限制，美国西南部的广大地区还是很适合开发 CSP 项目的（Mehos 和 Perez，2005）。利用资源图谱可以开展不同层次的选址和预可行性分析，这一类图谱对项目开发商来说很有价值。

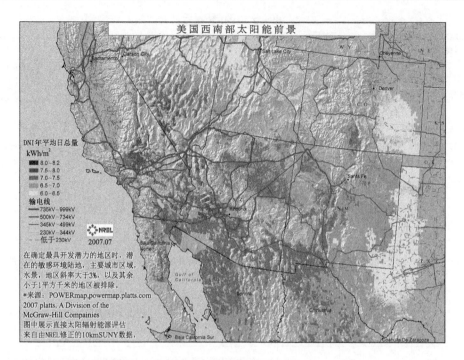

图 6-2　采用 DNI 资源、土地利用和 3% 地形坡度对潜在场址进行 GIS 分析(见彩图)

(图片来源:NREL)

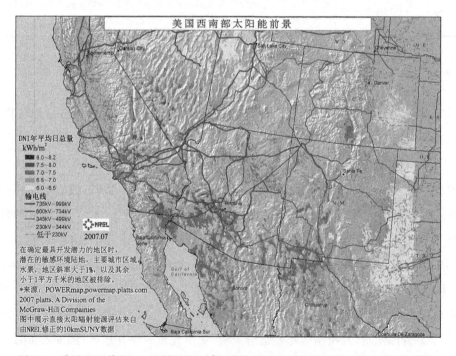

图 6-3　采用 DNI 资源、土地利用和 1% 地形坡度对潜在场址进行 GIS 分析(见彩图)

(图片来源:NREL)

随着一些功能强大、简单易用工具的相继推出,如 NREL 的 SAM(Solar Advisor Model)软件(https://sam.nrel.gov/)和 SPP(Solar Power Prospector)网站(http://maps.nrel.gov/node/10/),项目开发人员开始关注预评估阶段的 CSP 系统仿真。CSP 模式所需的逐时资源数据应当慎重选择。为了评估太阳能资源年际变率给系统性能带来的影响,NREL 建议使用多年逐时数据作为 CSP 模式的输入,不要只用一年的数据或者典型气象年数据。逐时数据集在用于仿真模拟前也要进行评估,至少应确保其月均值与估算得到的月均 DNI 相一致(Meyer et al.,2008)。读者可以参考 6.2.2 节的示例。

6.1.3 大气清洁度调研

CSP 项目选址中有一个关键环节,叫作大气清洁度调研。在 DNI 资源较丰富的沙漠及其他地区,大多数情况下年均云量较少。这些地区的年均 DNI 主要受气溶胶光学厚度(aerosol optical depth,AOD)影响。图 6-4 所示的是加利福尼亚州达盖特地区年均 DNI 和平均 AOD 之间的关系。类似的情况在美国西南地区很常见。因此,了解 AOD 的特性对 DNI 资源和 CSP 性能评价至关重要。

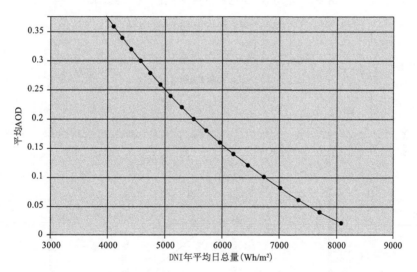

图 6-4 DNI 年平均日总量(Wh/m²)与年均 AOD 之间呈函数关系

(图片来源:NREL, Ray George)

AOD 是衡量气溶胶对 DNI 消光效应的一种度量。AOD 的来源有沙尘、微粒、空气污染物、山火和农业焚烧产生的烟雾,以及沿海地区的海盐。CSP 电站应当尽可能避开这些气溶胶来源。NSRDB/SUNY 和 NSRDB(1991—2005)可提供美国西南地区和墨西哥西北地区的月均 AOD 信息(图 6-5)。其中,年均 AOD 都经过了当地海拔校正。利用指数函数关系,将 AOD 调整到海平面水平后,海拔 2000m 处的 AOD 减少了 50%。AOD 和海拔高度之间的关系可以参考图 6-6。

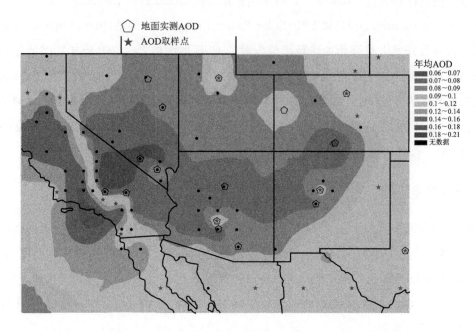

图 6-5　年均 AOD(已调整到海平面水平)(见彩图)

(图片来源:NREL，Ray George)

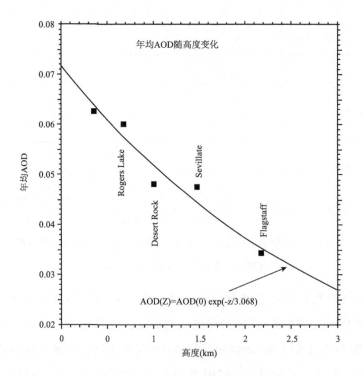

图 6-6　年均 AOD 与海拔的对应关系

(图片来源:NREL，Ray George)

如图 6-5 所示,城区外的乡村或山谷地区,AOD 一般较小,因此,DNI 较高。由于空气污染等原因,盐湖城、拉斯维加斯、凤凰城和阿尔伯克基几个主要城区的 AOD 都有所增加。为了定义 AOD 升高区域的边界,图中引入了一些人为添加的数据点,这里称为人工点。

对于 AOD 较小的乡村地区,如果它们确实远离气溶胶源,那么 NSRDB/SUNY 网格数据中的 DNI 平均值会更加可信。另外,项目分析人员在选址时还应考虑以下问题。

(1)气溶胶的潜在来源是什么?

●沙尘暴。

●空气污染。

●燃烧。

(2)场址距离城区有多远?

(3)场址周围是否有发电厂和矿山?

(4)该地区大多数情况下的能见度是否良好?

(5)没有霾时远处的山和其他物体是否可见?

●没有霾时 AOD 很小,NREL 资源图谱上的 DNI 值与真实情况比较接近。

●如果场址范围内有霾,那么就需要进一步研究或进行额外的观测。

(6)美国国家环境保护局(Environmental Protection Agency,EPA)如何对这些区域进行分类?

●EPA 及其他公共事业机构应该对未来可能的空气污染加重或空气质量恶化情景进行预估。

●如果这些区域所在的州已经执行了州实施计划(State Implementation Plan),那么应该有详细的未来空气质量评估报告。如果空气质量预计在未来会发生变化,那么应加强研究以量化太阳能资源在未来可能发生的变化。

如果备选场址靠近城区,那么估算的 AOD 可能会很大。图 6-5 中“人工点”定义的城区边界只是近似位置,因此,“人工点”附近区域(即城区边缘)的 AOD 不确定度较高。举一个例子,盐湖城和阿尔伯克基周边地区从图上看属于 AOD 较高的区域,然而,由于山脉的阻挡作用,这些地区实际上受城市污染影响很小。由于经济和基础设施方面的原因,大都市的边缘地区比较适合 CSP 电厂的建设。备选场址是否受城市气溶胶影响,可以通过最新的 DNI 观测资料判断。NREL 在未来发布的几款数据产品,如 NSRDB,会包含高空间分辨率 AOD 信息,其中有来自星载仪器的网格化 AOD 反演数据,也有用于卫星资料订正的地面实测数据。

6.1.4　利用 GIS 工具比较卫星反演的 DNI 数据

欧洲 MESoR 项目开展过一项研究工作(Hoyer-Klick et al.,2009),对 5 种太阳能资源数据产品中的 DNI 不确定度空间分布进行了交叉比较,这 5 种数据产品分别是:ME-TEONORM、Satel-Light、NASA SSE、SOLEMI 和 PVGIS(Šúri et al. , 2009)。

　　不同资源图谱之间的比较可以看作是太阳能数据产品的一种相对参考对比法。这种对比不是为了确认哪一种数据产品是最好的,而是通过对比不同来源的数据告知用户该地区的资源不确定度。由于空间数据产品的时间跨度各不相同,这种比较还可以给出太阳辐射年际变化带来的不确定度。DNI 年总量的长期平均值也通过图谱的形式进行了交叉比较。对比长期平均值的标准偏差可以发现各个数据库之间的差异造成的综合效应,它可以代表模式不确定度。

　　如图 6-7 所示,欧洲一些地区的太阳能工业产能存在较高的变率。这些地区存在两种情况,一是气候条件较复杂,如山地和沿海地带,二是没有足够数量和质量的数据用于太阳辐射模拟。在 DNI 潜力较高的一些地区,如巴尔干地区、希腊、伊比利亚半岛部分地区和意大利,差异非常显著。

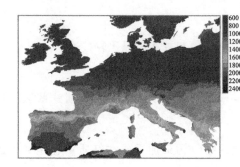 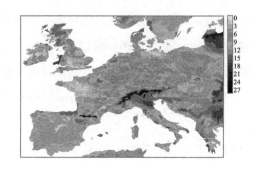

图 6-7　法向直接辐射年总量(见彩图)

(数据来源:METEONORM、PVGIS、NASASSE、Satel-Light 和 SOLEMI。

左图:5 种数据产品的平均值(kWh/m²);右图:相对标准偏差(%))

(图片来源:NREL, Ray George)

　　通过比较不同的数据产品,这项研究发现:

　　(1)云会削弱到达地表的太阳辐射,因此,DNI 对云指数非常敏感。上一代卫星(如MFG)在检测云时,会受到积雪、冰和雾的干扰,导致估算的 DNI 偏低。这种情况在山地区域尤为常见。2004 年开始运行的 MSG SEVIRI 可以提供经过校准的高质量信号,包括稳定的大陆已知特性和 11 个多光谱通道信息。随着星载仪器的更新换代,云检测方面也会有相应的改进。

　　(2)与 GHI 相比,DNI 对大气成分更加敏感。卫星反演数据的质量和空间细节取决于模式中的输入数据。这些数据主要是描述大气光学特性的参数,如 Linke 大气浑浊度,或者是解析数据,如臭氧、水汽和气溶胶。AOD 所代表的气溶胶效应,是除了云之外,对 DNI 影响最大的因素(Gueymard 和 George, 2005)。

（3）和云一样,气溶胶在时空上也是高度可变的。AOD 的观测需要有精密的仪器和复杂的卫星模式。目前,行业内有多种不同来源的 AOD 数据产品可用于模拟太阳辐射。除 AERONET 外,这些数据产品只代表多年气候平均值,并没有气溶胶的高频变化信息。

（4）地基观测和卫星观测之间存在本质上的差异,因此,其数据处理方法也大不相同。有些数据产品,如 PVGIS 的欧洲区域和 METEONORM 的部分区域,是由地面观测资料插值生成的。这种数据产品对地面观测资料的质量、完整性(特别是早期观测)和观测站网的密度非常敏感。PVGIS 和 METEONORM 中包含了太阳能资源的长期统计平均,由于测站稀少和资料不一致,一些地区的不确定度较高。卫星数据库,如 NASA SSE,SOLEMI 和 Satel-Light,可提供高分辨率(如 3h,1h 和 30min)时间序列数据,并且观测范围在空间上是连续的。当地面被冰雪覆盖或者太阳高度角较小时,云量观测会存在较高的不确定度,进而影响太阳辐射的观测结果。不过,这些区域的 CSP 开发潜力一般不高。

（5）在丘陵地带和山区,地形效应(如大气质量差异和地形阴影)对太阳辐射模拟影响很大。输入数据和所用 DEM 的空间分辨率会直接影响模拟结果的准确度。分辨率较低的 DEM 会使太阳辐射的空间格局更加平滑,继而影响辐照度的区域平均。目前只有 METEONORM 和 PVGIS 使用了高分辨率 DEM。由于消除了局地气候和地形特征,使用低空间分辨率 DEM 的数据产品,如 NASA SSE,在局地范围内存在更大的偏差。

MESoR 项目的上述工作对欧洲地区的 DNI 资源进行了初步梳理。然而,简单比较多种数据源无法满足太阳能工业需求。因此,未来需要继续开展相关研究,以减少工程应用中的资源不确定度。

6.2 太阳能资源数据在可行性研究、工程设计和财务评价中的应用

在工程可行性研究阶段,当有一个或多个备选场址待评估时,CSP 项目开发商会面临这样一个问题,即如何利用短期实测资料和长期模拟数据准确可靠地计算年度及年际系统性能。风能工业中,这种解决方案叫作测量－相关－预测法(measure-correlate-predict,MCP)(Thøgersen et al. ,2007)。MCP 是一种统计方法,它将备选场址的短期实测资料与附近测站的长期实测资料关联在一起,以估算备选场址的长期风能潜力和年际变率,并用相关性预测备选场址未来的资源量。

与 CSP 工业相比,风能工业更加复杂,这是因为:

（1）风能资源一般比太阳能资源的空间变化更大。

（2）不同高度上的风资源特性存在显著差异。如果备选场址和附近测站所处的高度各不相同,那么实测资料之间的对比将变得棘手。

(3)风能资源必须同时考虑风速和风向,这使 MCP 的统计流程更加复杂。

(4)太阳能资源长期数据可以通过卫星方法反演得到,而风能资源评价中缺少这种长期数据。

鉴于以上几个原因,CSP 项目评估没有必要照搬风能评估中的 MCP 方法,采用合理可行的简易方法即可。如果读者对与风能相关的 MCP 方法感兴趣,可以参考 Thøgersen et al. (2007)。

不同的项目开发阶段对系统性能和产能估算的准确度要求各不相同:

(1)预可行性研究阶段。全面评估具体场址,确定其是否适合项目开发。

(2)可行性研究阶段。确定开发场址后,需要重点关注系统设计和产能估算。因此,需要更全面地了解年资源总量,以及资源的季节变化和昼夜变化特点。在此之后,需要对项目进行现场尽职调查,这涉及该项目整个生命周期内的现金流分析。因此,还需要准确地估算项目的长期产能和由资源变化引起的产能年际变化,并给出置信区间。

6.2.1 短期实测资料的外推

在预可行性分析阶段,为了计算项目产能,需要估算场址处的年资源总量。资源量的估算通常可以借助卫星反演数据或附近台站的模拟数据实现,如 NSRDB 或典型气象年数据。在前面的章节,已经介绍过相关的数据产品及其不确定度。如果开发商有短期的太阳辐射实测资料,那么这些观测数据可以用来减少模拟数据的不确定度(Gueymard 和 Wilcox,2009)。在可行性研究和尽职调查阶段,这个方法至关重要。

如何将短期实测和长期模拟数据结合起来生成一组更加准确的太阳能资源长期序列?下面将介绍两种具体方法。

(1)第一种方法是比值法。比值法需要至少两种互相独立的数据集:一是实测资料(观测周期相对较短),二是长期气候数据集,如卫星反演数据(Perez SUNY 数据)、附近测站的长期观测资料或模拟数据(NSRDB 数据)。理想状态下,两种数据集应当有一部分是同期数据。如果没有同期数据,比值法仍然可以使用,不过生成的太阳能资源长期序列不确定度较大。关于比值法的详细描述可以参考 Gueymard 和 Wilcox(2009),它的基本步骤是先计算同期数据平均值之间的比值,如小时平均或月平均,然后将比值用于订正长期数据集并生成一组太阳能资源长期序列。

当长期数据中包含备选场址处的卫星反演数据时,使用这种方法要特别注意。虽然比值法消除了实测资料和模拟数据间的偏差,但是这种偏差可能会随年际和季节而变化。由于偏差存在变化,同期数据间的互相关系数是小于 1.0 的,系数越小说明不确定度越大(Gueymard 和 Wilcox,2009)。在应用比值法时,可能会出现以下几种情况:

1)理想状况下,参考数据和实测数据间偏差的月际变率较小。在这种情况下,可以利用简单的校正因子外推短期实测数据。

2)第二种情况是短期实测数据和长期参考数据之间的随机变率较大,即两种数据间的相关性较低。这种情况下对短期实测资料进行外推产生的不确定度较大。

3)第三种情况是数据中有很强的季节趋势,需要额外的实测数据确认这种趋势。这种情况下对数据进行外推产生的不确定度较小。

(2)与比值法不同,第二种方法在外推数据时考虑了两种数据的权重。权重可以相等,也可以根据 Meyer et al. (2008)中的建议,通过每种数据集的不确定度来确定权重。这里假设偏差服从正态分布,在统计上独立,因此满足高斯误差传递定律。Meyer et al. (2008)发现,数据外推时加入的新数据,其质量无需与基础数据一致(图 6-8)。

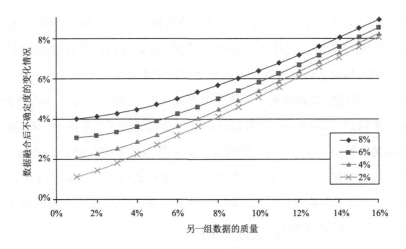

图 6-8　将总不确定度为 2%、4%、6% 或 8% 的基础数据集与另外一个可变质量的

额外数据集结合时所产生的不确定度(见彩图)

(图片来源:NREL，Ray George)

Meyer et al. (2008) 发现,使用两组以上数据进行外推,生成的数据质量会更高。例如,当基础数据的不确定度为 4% 时,通过增加两组不确定度为 7% 的数据,可以有效改善所得数据的质量(图 6-9)。然而,当两组数据的不确定度为 10%,甚至更大时,得到的外推数据质量则无法改善。因此,应避免使用不确定度较大的数据。如果选择这种方法,那么应当确保各组数据之间是互相独立,没有相关性的。这种方法的详细描述可以参考 Meyer et al. (2009)。这篇论文还讨论了地面观测的最佳最短周期,以及如何剔除卫星数据中的 AOD 异常年份,如火山活动的主要时期。

为了捕捉到当地太阳能资源的长期平均趋势,现场的实测工作必须持续一段时间,以便积累观测资料,因此,观测的持续时间也是业内关注的问题。当项目需要做出融资决策,却没有同期数据可用时,确定观测周期的长短就显得非常重要。从另一个角度看待这个问题,就是短

4%	1%	2%	3%	4%	5%	6%	7%	8%	9%	10%	11%	12%
1%	1.4%	1.5%	1.7%	1.9%	2.2%	2.4%	2.7%	3.0%	3.3%	3.6%	3.9%	4.2%
2%	1.5%	1.6%	1.8%	2.0%	2.2%	2.5%	2.8%	3.1%	3.3%	3.7%	4.0%	4.3%
3%	1.7%	1.8%	1.9%	2.1%	2.4%	2.5%	2.9%	3.1%	3.4%	3.7%	4.0%	4.3%
4%	1.8%	2.0%	2.1%	2.3%	2.5%	2.7%	3.0%	3.3%	3.5%	3.8%	4.1%	4.4%
5%	2.2%	2.2%	2.4%	2.5%	2.7%	2.9%	3.2%	3.4%	3.7%	4.0%	4.2%	4.5%
6%	2.4%	2.5%	2.6%	2.7%	2.9%	3.1%	3.3%	3.6%	3.8%	4.1%	4.4%	4.7%
7%	2.7%	2.8%	2.9%	3.2%	3.3%	3.6%	3.8%	4.0%	4.3%	4.5%	4.8%	
8%	3.0%	3.1%	3.1%	3.3%	3.4%	3.6%	3.8%	4.0%	4.2%	4.5%	4.7%	5.0%
9%	3.3%	3.3%	3.4%	3.5%	3.7%	3.8%	4.0%	4.2%	4.4%	4.7%	4.9%	5.2%
10%	3.6%	3.7%	3.7%	3.8%	4.0%	4.1%	4.3%	4.5%	4.7%	4.9%	5.1%	5.4%

图 6-9　将具有 4％不确定度的基础数据集和具有可变不确定度的另外两个数据集进行综合所产生的不确定度。综合数据集质量可改进达到良好的，用绿色予以强调，黄色对应变化不大的情况，红色所对应的则是质量下降（见彩图）

（图片来源：NREL，Ray George）

期实测资料（比如 1 年）是否能代表真实的气候平均状况（比如 30 年）。风能工业中有一条经验法则，即用 10 年的现场测风资料求得的年平均风速，其变化范围应在真实长期平均值的±10％以内。金融机构通常会要求项目方出具这样的资源证明。如果现场只有 1 年或 2 年的实测资料，那该怎么办呢？金融机构开展项目尽职调查时，可能只有这么多的数据可用。

为了解决这个问题，Gueymard 和 Wilcox（2009）分析比较了 8 年的 SUNY 数据和同期 37 个台站的逐时实测资料。其中，SUNY 数据来自更新的 NSRDB（1991—2005），台站资料来自美国本土的多个观测站网。不过，可以计算长期气候平均值的台站不多，只有 4 个台站有长达 25 年或 25 年以上的连续观测，分别是俄勒冈州的伯恩斯、尤金、赫米斯顿和位于科罗拉多州戈尔登 South Table 山顶的 NREL SRRL 测站。

Tomson et al.（2008）发现，某一年的年平均总辐射几乎和上一年的资源量无关，说明 11 年实测资料不能代表长期平均值。Gueymard 和 Wilcox（2008）研究了 4 个长期测站的观测资料，并试图解决两个问题，即：多少年的实测资料才能反映资源的长期平均值？不同测站间的年辐射变率变化显著吗？

对于这 4 个测站来说，Gueymard 和 Wilcox 的研究结果表明，GHI 的年际变率比 DNI 低得多。无论是哪一年的实测资料，GHI 的变化范围几乎都在真实长期平均值的±5％以内，而 DNI 的变化范围是长期平均值的±10％～±20％。其中，2 个测站有 10 年以上的观测资料，由此求得的年平均资源量在真实长期平均值的± 5％以内，与风能工业的情况一致。金融机构更喜欢用超越概率（如 P50 或 P90）评价太阳能资源不确定度带来的风险。P50 是用长期资源量中位数估算得到的年度产能。P50 的含义是，年度产能高于或低于该水平的概率为 50％∶50％。超越概率为 P90 时，说明年度产能无法达到该水平的风险概率为 10％，即年度产能有 90％的机会超过 P90。Gueymard 和 Wilcox 的结论换言之就是 DNI 的变异系数（coefficient of variation，COV）更大，比的 COV 大 2～3 倍。

通过分析多年观测资料,还发现了一种有趣的不对称现象(图 6-10),其中以俄勒冈州东部干旱地区的赫米斯顿和伯恩斯最为明显。以科罗拉多州的戈尔登为例,多云天气越多的年份负距平越大,但是,负距平往往比正距平收敛得更快。在以晴空天气为主的测站,AOD 是影响 DNI 变率的主要因素,火山喷发或山火都会引发 AOD 异常,进而导致不对称现象的产生(图 6-10)。

以上研究结果表明,为了减少 CSP 场址内长期资源平均值的估算不确定度,便于尽职调查工作的开展,除了观测资料外,拥有一组质量独立的数据集是十分重要的,如卫星反演数据。

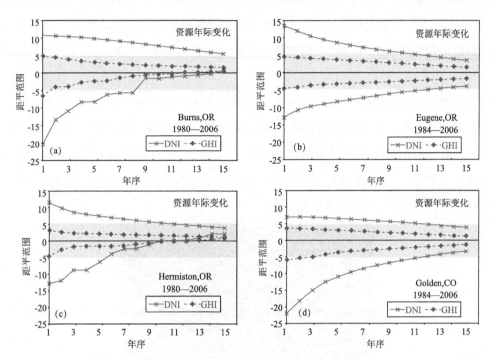

图 6-10   在俄勒冈州的伯恩斯(a)、尤金(b)和赫米斯顿(c)以及科罗拉多州的戈尔登(d)等地,
为获得稳定的 DNI 和 GHI 所需的年数(见彩图)

(图片来源:NREL)

6.2.2   示例——利用 NSRDB/SUNY、TMY3 和实测资料估算平均 DNI 并选择逐时数据

示例 1 是加利福尼亚州哈珀湖附近待建的一座槽式 CSP 电站。哈珀湖已经干涸,盐层覆盖在裸露的湖床表面,非常明亮。通过这个示例,我们要做的是:

(1)按照月和年,分别估算 DNI 的平均值;

(2)获取长达一年或多年的 DNI 和天气时间序列数据,用于系统仿真模拟(借助 CSP 模式或电网模式)。

为了让评估工作更加高效,这里选用了 NREL 的 SPP 网站(http://maps.nrel.gov/

node/10/）。SPP 以谷歌地图为背景，可以通过卫星地面影像查找感兴趣的区域。图 6-11 显示的是莫哈韦沙漠中的哈珀湖及其附近区域，整幅图一共包含 9 个 NSRDB/SUNY 网格单元。DNI 平均值可通过 SPP 网站的查询功能直接得到。图中每一个网格里有两组数值。其中，上面的一组是用逐时 DNI 数据计算得到的平均值，该值没有经过镜面反射订正，下面的一组来自资源图谱，该值已经过订正。然后，借助 NSRDB（1998—2005）数据集，我们查看了所选地点及附近区域的逐月 DNI 平均值。如果上下两组值相差超过 0.2kWh/m² ，说明这个网格单元已经过订正。在这个例子中，B1 和 B2 两个单元已被订正。如果 CSP 电站的备选场址在 B2，考虑到 B2 中的数据已被订正，那么可以选用 A2 或 C2 中的逐时数据。这样做可以确保逐时数据仿真得到的结果（如 SAM 软件 www. nrel. gov/analysis/sam/）和平均资源状况相一致。

通常，需要订正的网格单元内存在反照率较高的明亮区域或不平坦区域，尤其是靠近中心的地带。相邻单元的背景较暗且质地均匀，网格内的逐时 DNI 数据会更加可信。我们的目标是选出与估算平均值相匹配的时间序列。如图 6-11 所示，用时间序列求得的平均值偏小，对应的时间序列数据达不到使用要求。针对这个问题，SUNY 团队已经开发了相关的订正方法，地图经过订正之后可以避免这个问题。

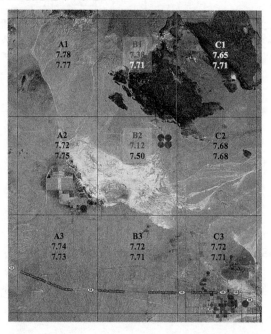

图 6-11　在加利福尼亚州哈珀湖附近的 NSRDB/SUNY 10km 网格。网格内靠上的数值是由小时数据文件中得到的 DNI 平均值（未经订正）；靠下的数值取自订正图中的 DNI 平均值。红色数值显示的是从未订正的时间序列中得到的平均值，大大低于经订正后图上的值（见彩图）

（图片来源：NREL, Ray George）

此外,用户也可以用 TMY2 或 TMY3 数据代替本例中的 NSRDB(1998—2005)8 年数据。虽然我们不推荐这种方式,但是如果这样做,一定要仔细评估数据平均值的时空适用性。图 6-12 是 C2 内的月均 DNI 和 C2 附近的 TMY3 数据之间的对比情况。其中,TMY3 数据来自加利福尼亚州达盖特的 NSRDB 一级站,数据质量较高。这种情况下,TMY3 可以用于代替 SUNY 数据。

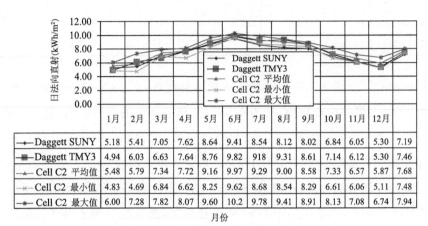

月份	Daggett SUNY	Daggett TMY3	Cell C2 平均值	Cell C2 最小值	Cell C2 最大值
1月	5.18	4.94	5.48	4.83	6.00
2月	5.41	6.03	5.79	4.69	7.28
3月	7.05	6.63	7.34	6.84	7.82
4月	7.62	7.64	7.72	6.62	8.07
5月	8.64	8.76	9.16	8.25	9.60
6月	9.41	9.82	9.97	9.62	10.2
7月	8.54	918	9.29	8.68	9.78
8月	8.12	9.31	9.00	8.54	9.41
9月	8.02	8.61	8.58	8.29	8.91
10月	6.84	7.14	7.33	6.61	8.13
11月	6.05	6.12	6.57	6.06	7.08
12月	5.30	5.30	5.87	5.11	6.74
	7.19	7.46	7.68	7.48	7.94

图 6-12 哈珀湖(单元 C2)和达盖特 TMY3 的 DNI 月平均日总量。单元 C2 的
逐月最小值和最大值也列于表中(见彩图)

(图片来源:NREL,Ray George)

示例 2 是内华达州黑岩沙漠附近的一处 CSP 备选场址。我们假设已用 NSRDB/SUNY 数据做过初步分析,如今又获取了新的实测资料。这里展示了不同的实测资料和模拟数据组合对 DNI 年平均值计算的影响。如表 6-3 所示,用 8 年 NSRDB 模拟数据分别和以下几种实测资料共同估算太阳辐射年平均值,可以得到不同的结果:

(1)2 年实测数据(2004—2005);

(2)2004 年的实测数据;

(3)2005 年的实测数据。

表 6-3 实测资料和模拟数据共同估算的 GHI 和 DNI 年平均日总量
(以内华达州黑石沙漠为例)

观测周期	2004—2005 年 (kWh/m²)	2004 年 (kWh/m²)	2005 年 (kWh/m²)	1998—2005 年 (kWh/m²)
GHI 模拟值	5.615	5.656	5.574	5.622
DNI 模拟值	7.642	7.720	7.564	7.658
GHI 实测值	5.703	5.799	5.607	
DNI 实测值	7.564	7.901	7.227	
GHI 的平均偏差 MBE	−1.54%	−2.46%	−0.58%	

续表

观测周期	2004—2005 年 (kWh/m²)	2004 年 (kWh/m²)	2005 年 (kWh/m²)	1998—2005 年 (kWh/m²)
DNI 的平均偏差	1.04％	−2.28％	4.67％	
校正后的 DNI 平均值（8 年）	7.579	7.833	7.300	
校正后的 DNI 平均值（Meyer 方法）	7.582	7.859	7.305	
DNI 的平均偏差（Meyer 方法）	0.8％	−1.8％	3.6％	
校正后的 DNI 平均值（8 年，Meyer 方法）	7.597	7.793	7.386	

利用前面介绍的"比值法"，我们用观测资料的偏差对 DNI 8 年平均值做了校正。2 年实测资料（2004—2005）偏差相对较小，约为 1.04％。单一年份的偏差较大，且不一致。校正后的 DNI 年平均值等于 8 年平均值（7.658）与（1.0−MBE）之积。Meyer et al.（2008）的方法（见 6.2.1 节中的（2））也可以用到这里的校正。假定实测资料和 SUNY 数据的不确定度分别为 3％和 10％，对于既有观测资料又有模拟数据的月份来说，校正后的平均值可以计算出来。如果将该值看作 2004—2005 年实际 DNI 的最佳估算，那么新的偏差等于（SUNY-Meyer）/Meyer，这个偏差会更小。Meyer 方法的估算值（即前面式子中的 Meyer）可以采用下列公式计算：

$$I_{est} = (I_{me}/U_{me} + I_{mo}/U_{mo})/(1/U_{me} + 1/U_{mo}) \tag{6-1}$$

式中：Meyer 估算值＝I_{est}；I_{me} 为实测值；I_{mo} 为模拟值；U_{me} 为测量不确定度（0.03）；U_{mo} 为模拟不确定度（0.10）。

图 6-13 所示的是黑岩沙漠站的月均 GHI 和 DNI。在许多月份，特别是 2005 年，GHI 偏差很小，而 DNI 偏差较大。GHI 和 DNI 的偏差在 2004 年相关性较好，在 2005 年情况发生了变化。出现这种情况有这么一种解释，即 2004 年的误差来源主要是云的估算，而 2005 年的误差主要来自 AOD。GHI 误差较小，伴随对 DNI 的估算偏高，说明当地的 AOD 可能比卫星模式中使用的 AOD 估算值要高得多。仔细的数据分析员可能会追问 AOD 过高的原因，如 AOD 过高是否是由沙尘暴或山火造成的。图 6-12 所示的月平均值可以帮助查找问题的原因。

如图 6-13 所示，2005 年 1 月和 4 月的实测 DNI 均出现了大幅下降，说明同期 AOD 高于正常水平。一旦确认了导致 AOD 过高的原因，分析人员应当对这种现象做进一步评估，以判断其在将来是否会频繁出现或者只是个例。

晴空模式，如 Bird 模式，可以利用 DNI 实测资料估算宽带 AOD 的大小。如果加入其他补充资料，还可以估算大气柱水汽总量。AOD 和大气柱水汽总量可用来校正 DNI 模拟值。不过，AOD 的月际和年际变率较大。所以，卫星模式中所用的平均 AOD 有没有代表性，是否需要进行当地校正，没有多年的 AOD 数据是无法确认的。

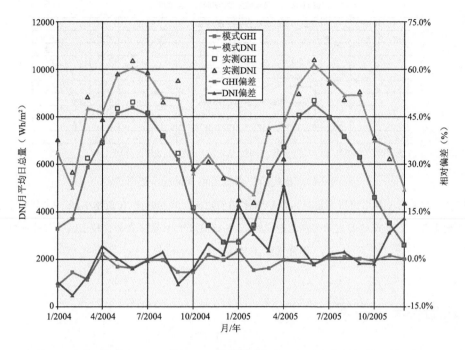

图 6-13 黑石沙漠由卫星反演和地面实测的 GHI 和 DNI 月平均日总量（Wh/m²）

（平均偏差的定义为：(卫星反演－地面实测)/地面实测×100%）（见彩图）

（图片来源：NREL，Ray George）

在这个例子中（表 6-3），2 年实测资料估算的 DNI 年平均日值（7.597kWh/m²）和 8 年模拟数据估算的年平均日值（7.658kWh/m²）相比，误差小于 1%。然而，只用 1 年实测资料进行估算的话，误差可达 3.6%。

6.2.3　调整 DNI 数据以估算 CSP 系统性能

DNI 是最常用来描述 CSP 电站内太阳能资源特性的指标，也是双轴跟踪聚光器可利用的资源。对槽式 CSP 电站（通常采用单轴跟踪器）来说，集热器可利用的平均太阳辐射会低于 DNI 平均水平。这种情况下，需要引入一个校正因子。图 6-14 所示的是校正因子在三个纬度不同的地点的变化情况。面向平板和聚光技术的太阳辐射数据手册（The Solar Radiation Data Manual for Flat-Plate and Concentrating Collectors）（Marion 和 Wilcox，1994）是基于 NSRDB(1961—1990)数据产品编写的。手册中的统计图表不仅涉及 DNI，还考虑了南—北向单轴跟踪系统可用的资源数据，因此，各月的校正因子可以很容易地由这些图表推出。

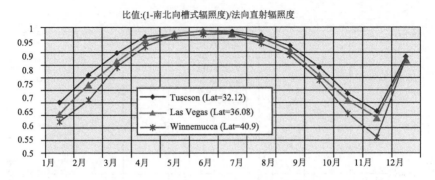

比值:(1-南北向槽式辐照度)/法向直射辐照度

图 6-14　槽式 CSP 电站可用资源量示意图

(其中，y 轴是月平均可用资源量与当月 DNI 平均值之比。纬度越高，比值越小，冬季的比值小于
其他季节。当槽式 CSP 电站为南北走向时，这些比值可用作 DNI 资源的校正因子)(见彩图)

(图片来源：NREL，Ray George)

6.3　太阳能资源变率

为了合理描述实测资料的变率特征并预测电站的未来产能，需要特别关注太阳能资源的变率。这里的变率不是指可预测的变率，如纬度和时间引起的变化，而是指由气候变化引起的可预测性较低的变率。大气强迫和各种成分可以强烈影响太阳辐射的吸收、反射和衰减，因此，太阳变率和气候的时空变率是密切相关的。

对太阳能资源的年际变化有了一定的认识和了解后，用户可以判断一段观测资料是否能反映当地的资源特性。同样，了解了资源的空间变率，用户也可以知道一组当地实测资料是否在其他场址同样适用。因此，理解和掌握资源变率至关重要。

NREL 对 NSRDB(1998—2005)8 年数据进行了时间和空间变率分析。这项工作分析了SUNY 10km 网格数据，并且计算了每个网格单元的月均日总量、年均日总量和平均日总量。

(1)时间变率。每个网格单元内的 COV(变异系数)由 8 个年值计算得到。8 年平均辐照度 $<E_p>$ 和每 1 年的辐照度 E_i 用于求解标准偏差。由于没有缺测值，标准偏差的计算简化如下：

$$\sigma_t = [(<E_p>-E_i)^2/8]^{1/2} \qquad (6-2)$$

时间上的 COV 为：

$$C_t = \sigma_t/<E_p> \qquad (6-3)$$

为了理解季节变率，可以重复以上过程，计算时采用各个月份对应的数据，如 8 个 1 月份的数据和 8 个 2 月份的数据等。这里的结果用百分数(%)表示，它代表这个网格单元所在地理位置处的太阳能资源年际变率。图 6-15 是美国地区的 DNI COV 等值线图，它可以帮助用户快速评判不同地区间年际变率的差异。该图显示,美国本土 48 个州都存在有趣的气候反差现象,例如,华盛顿州中部和南部地区时间上的 COV 较低,只有 0.49%,而华盛顿州西北部时间上的 COV 则高达 15.8%。

图 6-15 1998—2005 年间的 DNI 年际变率(COV 以%的形式表示)(见彩图)

(图片来源:NREL,Ray George)

(2)空间变率。为了确认太阳能资源的空间变率,这里引入了一个网格矩阵,并将每个网格单元内的 8 年日 GHI 平均值与周围网格单元内的值进行了比较(图 6-16)。

1	2	3
4		5
6	7	8

图 6-16 用于空间变率分析的 3×3 网格布局

(其中,中心有一个固定单元,周围有 8 个相邻单元)

(图片来源:NREL,Ray George)

周围单元的标准偏差计算如下:

$$\sigma_s = \left[\sum_{i=1}^{n} (E_p - E_i)^2 / n \right]^{1/2} \tag{6-4}$$

空间上的 COV 为:

$$C_s = \sigma_s / E_p \qquad\qquad (6\text{-}5)$$

在计算季节变率时,重复上述过程,并在计算时采用各个月份对应的 8 年数据,如所有 1 月份的数据和所有 2 月份的数据等。

分析空间变率的矩阵有两种不同的大小,分别是 3×3(图 6-16)和 5×5,分别代表约 30km ×30km 和 50km×50km 的面积,也可以粗略表示一个测站周围 15km 和 25km 范围内的区域。如图 6-17 所示,用百分数表达 DNI 空间上的 COV 可以帮助用户快速评判不同地区间年际变率的差异。例如,密苏里州中部地区空间上的 COV 只有 0.12%,而在加利福尼亚州洛杉矶与圣贝纳迪诺之间的走廊地带,空间上的 COV 高达 11.5%。其中,沿海地区(特别是加利福尼亚沿海)和山区的变率较大。由于地形效应,5×5 矩阵中的变率更大。此外,两幅图中的高低变率趋势一致,说明变率的大小只和距离有关。

图 6-17 中的基础数据可以通过 NREL 获取,每个 10km×10km 网格单元中的数据可以提供(COV%)和 Wh/m^2 两种单位。用户应当注意,8 年数据可能不足以反映资源变率,而且

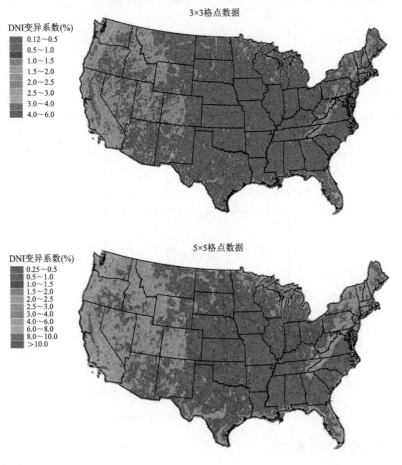

图 6-17　DNI 的空间变异系数(1998—2005 年)(见彩图)

(上图为 3×3 矩阵,下图为 5×5 矩阵)(图片来源:NREL,Ray George)

前面的分析也没有给出不确定度。NREL 计划用更长的资料更新这个数据产品。不过,对于美国地区来说,这里的结果应该是比较准确的,足以揭示太阳能资源的相对变率。

有了这些变率统计量,用户可以更好地开展现场观测及划定观测范围。在年际变率较小的地区,短期观测就能满足需求。在空间变率较小的地区,一个测站就能反映周围地区的资源水平,无需部署额外的测站。有了这些信息,分析人员对数据会更有信心,也可以更好地利用数据去理解电站在未来的性能以及运行性能和经济可行性的联系。

本章概要

在部署测站进行现场观测之前(预可行性研究阶段和可行性研究阶段):

(1)利用 NSRDB 资源筛选地图或其他工具选择备选场址。

(2)利用 NSRDB 8 年数据评估备选场址内的 DNI 逐月/逐年平均值,并将其与数据较多的相邻 NSRDB 台站进行比较,据此创建一组月平均 DNI 的最佳推测值。

(3)评估上一步得到的 DNI 平均值(即最佳推测值)的不确定度。如果存在下列情况,说明不确定度较高:

1)接近平均 DNI 的强梯度;

2)接近 AOD 的强梯度;

3)周围环境中的气溶胶浓度可能会升高(靠近城区、矿山和发电厂等);

4)地表反照率较高或变化较大。

(4)根据以上参数和用户期望,向上或向下校正 DNI 的月平均值。

(5)选择逐时数据对用户期望值进行匹配。同时,昼夜和季节变化趋势也应与备选场址类似。

(6)如果选用典型气象年数据,应对数据进行评估,以确认其平均值与用户期望值的匹配程度。

有了新的观测资料之后(项目开发后期和项目验收期):

(1)实事求是地评估观测资料的数据质量。

(2)用比值法或 Meyer 方法比较实测资料和模拟数据,并据此更新 DNI 的月平均值。

(3)对比 DNI 实测和模拟数据,以评估气溶胶的变率。

(4)为了最后的仿真模拟,应尽可能准备品质最好的数据,如多年数据或典型气象年数据。

参考文献

George R, Wilcox S, Anderberg M, Perez R, 2007. National Solar Radiation Database (NSRDB)—10 km Gridded Hourly Solar Database[C]. Campbell-Howe R, ed. Proceedings of the Solar 2007 Conference, 8-12 July 2007, Cleveland, Ohio (CD-ROM). Boulder, CO: ASES 8 pp; NREL/ CP-581-41599. Golden, CO: National Renewable Energy Laboratory.

Gueymard C A, Wilcox S, 2009. Spatial and Temporal Variability in the Solar Resource: Assessing the Value of Short-Term Measurements at Potential Solar Power Plant Sites[C]. Boulder, CO: ASES. Solar 2009 Conference, Buffalo, NY, May 2009.

Marion W, Wilcox S, 1994. Solar Radiation Data Manual for Flat-Plate and Concentrating Collectors[R]. NREL/TP-463-5607. Golden, CO: National Renewable Energy Laboratory.

Mehos M, Perez R, 2005. Mining for Solar Resources: U. S. Southwest Provides Vast Potential[J]. Imaging Notes, 20(2):12-15.

Meyer R, Torres Butron J, Marquardt G, Schwandt M, Geuder N, Hoyer-Klick C, Lorenz E, Hammer A, Beyer H G, 2008. Combining Solar Irradiance Measurements and Various Satellite-Derived Products to a Site-Specific Best Estimate[C]. Solar PACES Symposium, Las Vegas, NV, 2008.

Thøgersen M L L, Motta M, Sørensen T, Nielsen P, 2007. Measure-Correlate-Predict Methods: Case Studies and Software Implementation[C]. European Wind Energy Conference, 2007.

Tomson T, Russak T V, Kallis V A, 2008. Dynamic Behavior of Solar Radiation//Badescu V ed, Modeling Solar Radiation at the Earth's Surface[M]. Berlin: Springer.

7　未来的工作

为了进一步发展可再生能源技术,我们要不断提高对太阳能资源的理解和认识。以下几个研发领域被 NREL 认定为新兴技术需求,本章将对它们做简要的介绍。

7.1　太阳能预报

业内人士表示,随着 CSP 并网规模的增加,准确可靠的太阳能短期和日前预报需求日益凸显。风能日前预报的重要性已经毋庸置疑。风资源的未来变化会影响购电合同的执行决策。为了维持系统运行和满足负荷,常规电网一般每 15min 做一次负荷预测。如果有风电并网,那么风能日前预报就显得格外重要。

同时,工业界也表达了对长期预报的兴趣,如季节预报、年度预报和年际预报。长期预报有助于业主对生产计划进行规划。深入了解一个地区或区域内的太阳能资源长期趋势,对设施规划和现金流分析也具有重要意义。

利用卫星云图(Perez et al.,2007)和天空成像仪预报太阳能资源已经有相关的尝试。不过,美国目前仍然没有业务化的太阳能资源预报。几家欧洲机构正在研发面向未来 1～3 天的太阳能预报,其业务化预报在一定范围内已经得到了应用。太阳能资源预报方法是国际能源署太阳能供热制冷委员会(International Energy Agency Solar Heating and Cooling Programme,IEA-SHC)第 36 工作组——太阳能资源知识管理(Solar Resource Knowledge Management)的主要任务。NREL 是该工作组的执行秘书(http://archive.iea-shc.org/task36/)。IEA-SHC 第 36 工作组提供了一个很好的机会,让世界各地的研究人员可以分享各自在太阳能资源预报方面的经验。

7.2　高时间分辨率数据

太阳能热发电系统的发电量与 DNI 资源成正比。历史太阳能资源数据的时间分辨率一般为 1h,这样的分辨率对于调峰模拟和经济效益评估是远远不够的。因此,行业迫切需要空间分辨率更高(5km 及以下)的亚小时(15min 及以下)时间序列数据。

当前仪器设备的观测时间分辨率可以达到 1s(Wilcox 和 Myers,2008)。NREL 正在研究高分辨率太阳能资源测站的部署问题,这些测站可以单点安装,也可以放置在镜场内。

7.3　局地资源数据

了解太阳能资源的空间变率特性(空间分辨率 1km 及以下)对于改进项目选址、系统设计和性能检测是非常重要的。最新的 NSRDB 产品已经将历史数据更新至 2005 年,空间分辨率约为 100km。同时,该产品还提供了基于卫星资料的网格数据,可以覆盖 1998—2005 年,空间分辨率约为 10km。如何进一步提高卫星反演辐射数据的空间分辨率是目前正在研究的方向。大型 CSP 地面站的辐射观测仪器一般质量较高,其观测资料也是极具价值的。

7.4　气候变化对太阳能资源评估的影响

太阳能资源受气溶胶浓度变化(自然或人为)、降水格局变化、云量、极端温度和其他各种气候变量影响。因此,利用太阳能资源数据评估 CSP 项目在其设计寿命内的系统性能,还需要考虑气候变化带来的影响。下一步应当加强气候模拟研究,以及和气候预测相结合的 CSP 系统仿真研究。

7.5　学科交叉

利用太阳能资源数据和气象数据可以解决一些复杂的电力气象问题,如电网负荷预测、电网爬坡事件(云的瞬时效应)和电网调度。如何合理利用数据,需要分析人员、电网机构以及资源和气象界人士的通力协作。知识的共享将有助于资源数据需求的收集和相关改进方法的开发。

参考文献

Perez R, Wilcox S, Renné D, Moore K, Zelenka A, 2007. Forecasting Solar Radiation-Preliminary Evaluation of an Approach Based Upon the National Forecast Database[J]. Solar Energy, 81(6):809-812.

Wilcox S M, Myers D R, 2008. Evaluation of Radiometers in Full-Time Use at the National Renewable Energy Laboratory Solar Radiation Research Laboratory[R]. NREL/TP-550-44627. Golden, CO: National Renewable Energy Laboratory.

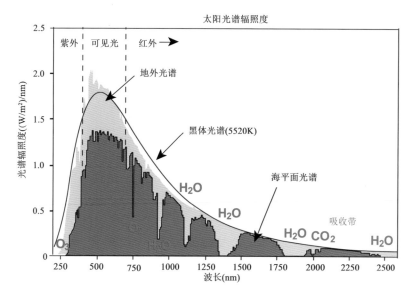

图 2-1 大气对到达地面的太阳辐射及其光谱分布的影响

（图片来源：NREL，Stoffel，2000）

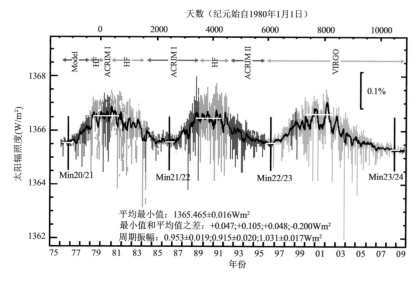

图 2-2 三个太阳周期内的 *TSI* 变化

（图中彩色曲线是多源卫星融合资料，黑色曲线是世界辐射中心（WRC）的模拟结果）

（www. pmodwrc. ch/pmod. php？ topic＝tsi/composite/SolarConstant）

（达沃斯物理气象观测站/世界辐射中心 PMOD/WRC 授权使用）

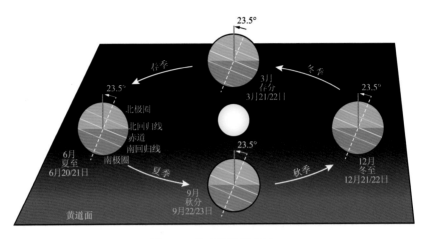

图 2-3　地球轨道示意图

（图片来源：维基百科）

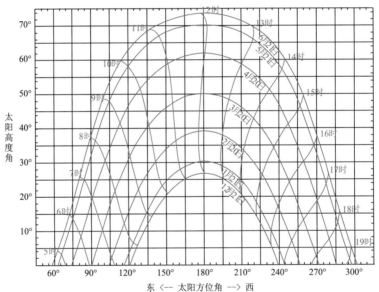

俄勒冈大学太阳辐射监测实验室(University of Oregon Solar Radiation Monitoring Laboratory)
项目资助：俄勒冈能源信任组织(Energy Trust of Oregon)
纬度：40°　经度：105°　　　时区：-7　　　科罗拉多州丹佛市

图 2-5　北半球某地一年中太阳的视路径变化

（图片来源：NREL，Stoffel，2000）

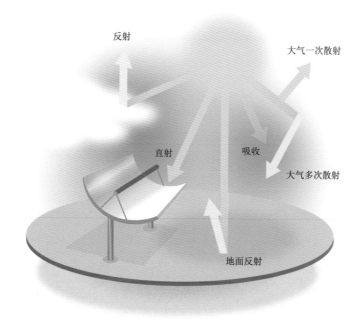

图 2-6 太阳辐射与大气相互作用产生的分量
(图片来源:NREL,AlHicks)

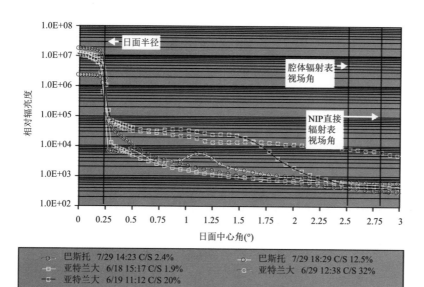

图 2-7 环日望远镜观测资料
(地点:加利福尼亚州巴斯托和佐治亚州亚特兰大,时间:约 1977 年)
(图片来源:NREL,Daryl Myers)

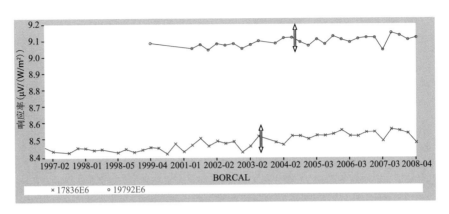

图 2-8　两个直接辐射表 12 年间的校准历史记录

（图片来源：NREL，Daryl Myers）

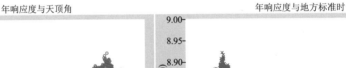

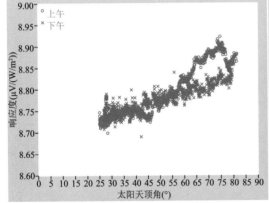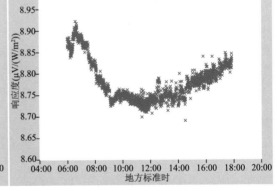

校准标签值		
RS@45°(μV/(W/m²)) $\updownarrow$	U95(%) $\uparrow$	Tit/Azm
8.7542	+1.31/-1.07	N/A

$\uparrow$ 天顶角有效值范围：30.0°～60.0°

$\updownarrow$ 未给出校准中估算的热偏移误差

图 2-9　直接辐射表校准结果：Rs 随太阳天顶角变化（左），Rs 随地方标准时变化（右）

（图片来源：NREL，Daryl Myers）

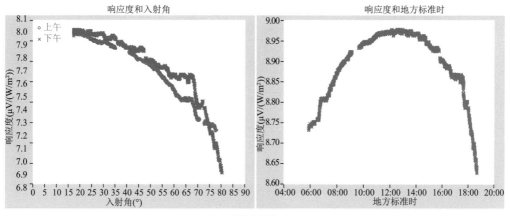

31400F3 Eppley PSP总辐射表校准结果

校准标签值

RS@45°(μV/(W/m²)) ↕	U95(%) ↑	Tit/Azm
7.8130	+2.73/-3.98	0.0°/0.0°

↑ 入射角有效值范围:30.0° ~60.0°
↕ 校准中估算的热偏移误差:-20.000W/m²

图 2-10 总辐射表校准结果:Rs 随太阳天顶角变化(左),Rs 随地方标准时变化(右)
(图片来源:NREL,Daryl Myers)

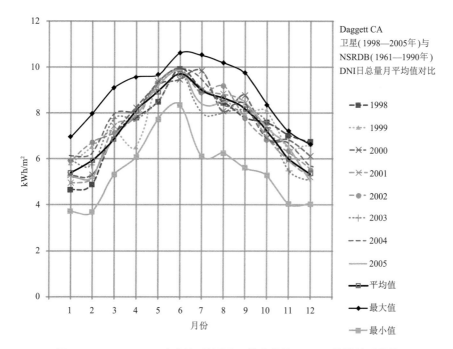

图 2-12 1961—2005 年间加利福尼亚州达盖特 DNI 日总量月平均值
(kWh/m²)的年际变率(数据源自 NSRDB)
(图片来源:NREL,Steve Wilcox)

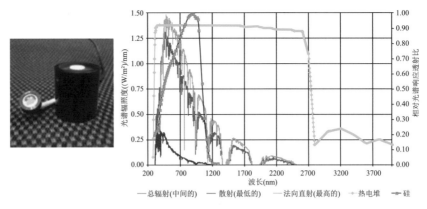

图 3-2　典型光电二极管探测器（左）和 LI-COR 总辐射表的光谱响应（右）

（经 LI-COR Biosciences 公司许可使用）

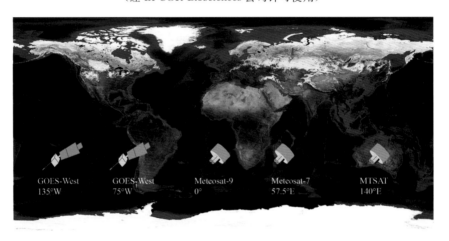

图 4-1　当前覆盖全球的地球静止轨道卫星位置

（图片来源：NOAA）

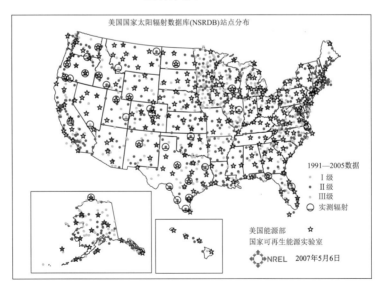

图 5-2　NSRDB（1961—1990）中的 239 个台站（1992 年发布）

和 NSRDB（1991—2005）中的 1454 个台站（2007 年发布）

（图片来源：NREL）

站号 六位USAF代码	站名：当站点有观测数据时，其所在网络的名字会成为站名的一部分出现在方括号中。 网络名称缩写如下： 　·ARM 大气辐射测量，DOE 　·ISIS整体地表辐射研究，NOAA 　·NREL测量与仪器数据中心，NREL 　·SURFRAD地表辐射收支网络 　·UO俄勒冈大学太阳辐射监测实验室 　·UT德克萨斯大学太阳能实验室 说明：如果测站的名字与气象站点名字差异较大，该站的名字也会出现在括号中。 在该个例中，太阳观测站与测站名称相似，只有其所属网络的缩写出现在括号中
724776 三级　（有一定的观测数据） 太阳测站位置 　　纬度:38.58°N 　　经度:109.54°W 　　海拔:1000m 气象测站位置 　　纬度:38.75°N 　　经度:109.75°W 　　海拔:1388m 时区:-7	MOAB/CANYONLANDS[UO],UT （百分率图，纵轴百分率 0%-100%，横轴年份 1991—2005） 年份　　低不确定度　　高不确定度　　缺测　—○—测量

站点信息：

　级别定义-对级别定义的详细解释参见本节正文。若该站点有测量数据（如该例中的站点），在级数后会有一个符号表明已经包含测量数据。

　太阳测站位置-涉及的坐标参数与模式或测量的太阳辐射一致

　气象站点位置-这些是收集气象数据的站点信息。如果站点有太阳辐射数据，那么这些站点信息会连接到太阳测站信息中。没有观测到太阳辐射数据的站点则被认为是常规气象站点。因为太阳辐射观测的敏感性受地理位置的影响，在有太阳数据的站点，这些基础气象站的坐标就默认为太阳观测站点的位置信息。保留气象坐标主要是记录存档。

　经度和纬度以十进制数表示-负数表示本初子午线以西；海拔高度是站点在平均海平面以上的高度（m）；时区表示与格林威治时间的偏移（负数表示格林威治以西）

数据质量图：

上图同时展示了数据质量的三个方面：

·低不确定度和高不确定度的数据比例分别用绿色和黄色的堆叠柱状图表示

·缺测数据占比用红色表示

·测量的数据在图中用有黑色圆圈标记的曲线表示

图 5-10　NSRDB(1961—1990)台站数据质量概要示例

（图片来源：NREL，Steve Wilcox）

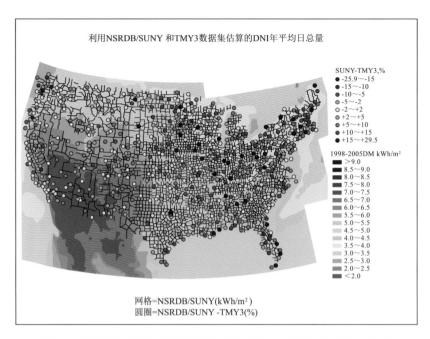

图 5-11　NSRDB/SUNY 模式计算的 DNI 年均日总量分布(1998—2005)
以及模拟结果和 TMY3 数据间的差异
(红圈代表 TMY3 ＜ NSRDB/SUNY,蓝圈代表 TMY3 ＞ NSRDB/SUNY)
(图片来源:NREL, Ray George)

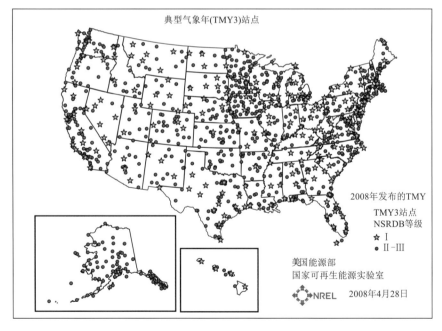

图 5-12　TMY3 观测站
(图片来源:NREL)

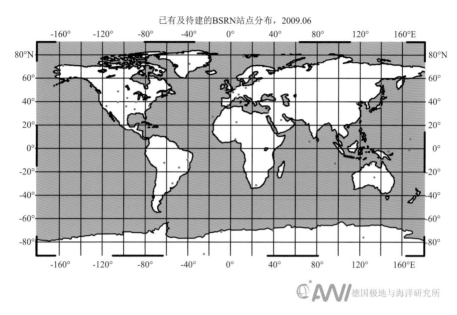

已有及待建的BSRN站点分布，2009.06

德国极地与海洋研究所

图 5-13　地面辐射基准站网测站分布
（图片来源：NREL）

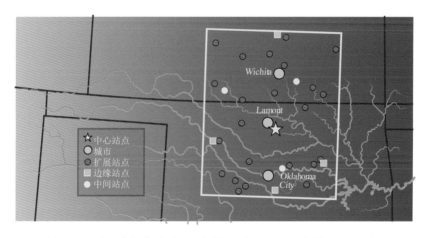

☆ 中心站点
○ 城市
◎ 扩展站点
◻ 边缘站点
● 中间站点

Wichita

Lamont

Oklahoma
City

图 5-15　美国南部大平原上运行的 23 个 ARM 测站（始于 1997 年）
（图片来源：DOE）

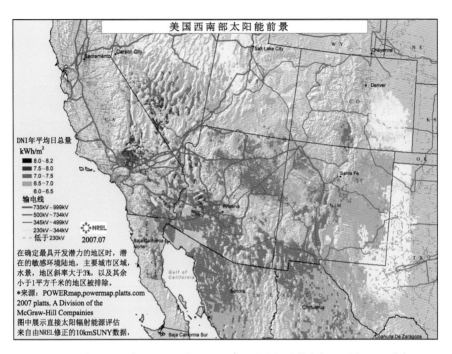

图 6-2　采用 DNI 资源、土地利用和 3‰地形坡度对潜在场址进行 GIS 分析
（图片来源：NREL）

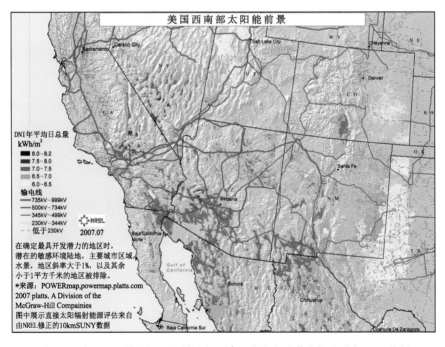

图 6-3　采用 DNI 资源、土地利用和 1‰地形坡度对潜在场址进行 GIS 分析
（图片来源：NREL）

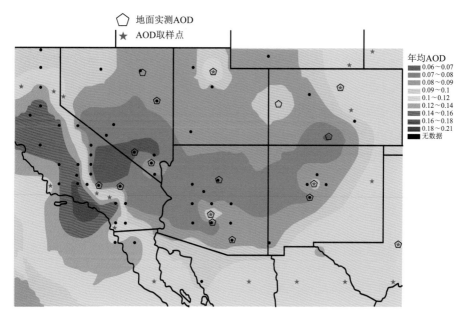

图 6-5　年均 AOD(已调整到海平面水平)

(图片来源:NREL,Ray George)

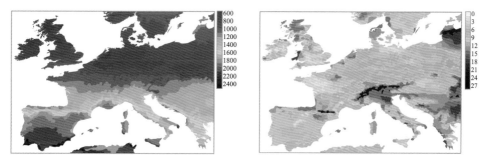

图 6-7　法向直接辐射年总量

(数据来源:METEONORM、PVGIS、NASASSE、Satel-Light 和 SOLEMI。

左图:5 种数据产品的平均值(kWh/m²);右图:相对标准偏差(%))

(图片来源:NREL,Ray George)

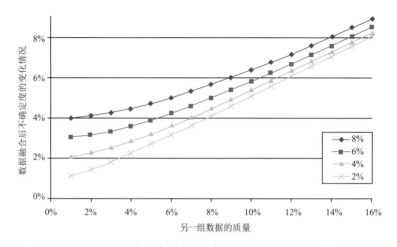

图 6-8　将总不确定度为 2%、4%、6% 或 8% 的基础数据集与另外一个可变质量的
额外数据集结合时所产生的不确定度

（图片来源：NREL，Ray George）

4%	1%	2%	3%	4%	5%	6%	7%	8%	9%	10%	11%	12%
1%	1.4%	1.5%	1.7%	1.9%	2.2%	2.4%	2.7%	3.0%	3.3%	3.6%	3.9%	4.2%
2%	1.5%	1.6%	1.8%	2.0%	2.2%	2.5%	2.8%	3.1%	3.3%	3.7%	4.0%	4.3%
3%	1.7%	1.8%	1.9%	2.1%	2.4%	2.5%	2.9%	3.1%	3.4%	3.7%	4.0%	4.3%
4%	1.8%	2.0%	2.1%	2.3%	2.5%	2.7%	3.0%	3.3%	3.5%	3.8%	4.1%	4.4%
5%	2.2%	2.2%	2.4%	2.5%	2.7%	2.9%	3.2%	3.4%	3.7%	4.0%	4.2%	4.5%
6%	2.4%	2.5%	2.6%	2.7%	2.9%	3.1%	3.3%	3.6%	3.8%	4.1%	4.4%	4.7%
7%	2.7%	2.8%	2.9%	3.0%	3.2%	3.3%	3.6%	3.8%	4.0%	4.3%	4.5%	4.8%
8%	3.0%	3.1%	3.1%	3.3%	3.4%	3.6%	3.8%	4.0%	4.2%	4.5%	4.7%	5.0%
9%	3.3%	3.3%	3.4%	3.5%	3.7%	3.8%	4.0%	4.2%	4.4%	4.7%	4.9%	5.2%
10%	3.6%	3.7%	3.7%	3.8%	4.0%	4.1%	4.3%	4.5%	4.7%	4.9%	5.1%	5.4%

图 6-9　将具有 4% 不确定度的基础数据集和具有可变不确定度的另外两个数
据集进行综合所产生的不确定度。综合数据集质量可改进达到良好的，用绿
色予以强调，黄色对应变化不大的情况，红色所对应的则是质量下降

（图片来源：NREL，Ray George）

12

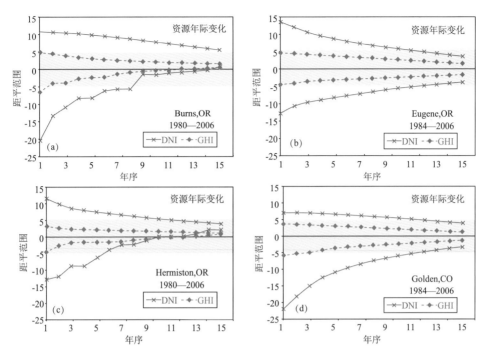

图 6-10　在俄勒冈州的伯恩斯(a)、尤金(b)和赫米斯顿(c)以及科罗拉多州的戈尔登(d)等地，
为获得稳定的 DNI 和 GHI 所需的年数

（图片来源：NREL）

A1 7.78 **7.77**	B1 7.38 **7.71**	C1 7.65 **7.71**
A2 7.72 **7.75**	B2 7.12 **7.50**	C2 7.68 **7.68**
A3 7.74 **7.73**	B3 7.72 **7.71**	C3 7.72 **7.71**

图 6-11　在加利福尼亚州哈珀湖附近的 NSRDB/SUNY 10km 网格。网格内靠上的数值是由小时
数据文件中得到的 DNI 平均值(未经订正)；靠下的数值取自订正图中的 DNI 平均值。红色数值
显示的是从未订正的时间序列中得到的平均值，大大低于经订正后图上的值。

（图片来源：NREL，Ray George）

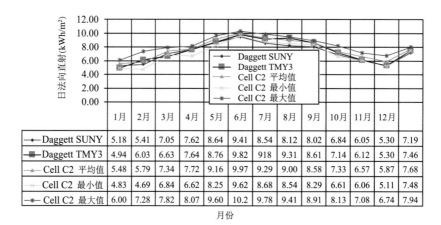

月份	1月	2月	3月	4月	5月	6月	7月	8月	9月	10月	11月	12月	
Daggett SUNY	5.18	5.41	7.05	7.62	8.64	9.41	8.54	8.12	8.02	6.84	6.05	5.30	7.19
Daggett TMY3	4.94	6.03	6.63	7.64	8.76	9.82	918	9.31	8.61	7.14	6.12	5.30	7.46
Cell C2 平均值	5.48	5.79	7.34	7.72	9.16	9.97	9.29	9.00	8.58	7.33	6.57	5.87	7.68
Cell C2 最小值	4.83	4.69	6.84	6.62	8.25	9.62	8.68	8.54	8.29	6.61	6.06	5.11	7.48
Cell C2 最大值	6.00	7.28	7.82	8.07	9.60	10.2	9.78	9.41	8.91	8.13	7.08	6.74	7.94

月份

图 6-12　哈珀湖(单元 C2)和达盖特 TMY3 的 DNI 月平均日总量。单元 C2 的
逐月最小值和最大值也列于表中

(图片来源:NREL，Ray George)

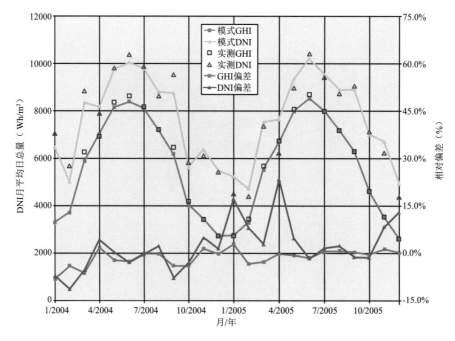

图 6-13　黑石沙漠由卫星反演和地面实测的 GHI 和 DNI 月平均日总量(Wh/m²)

(平均偏差的定义为:(卫星反演－地面实测)/地面实测×100%)

(图片来源:NREL，Ray George)

14

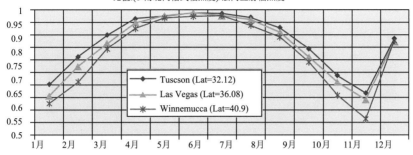

图 6-14　槽式 CSP 电站可用资源量示意图

（其中，y 轴是月平均可用资源量与当月 DNI 平均值之比。纬度越高，比值越小，冬季的比值小于其他季节。当槽式 CSP 电站为南北走向时，这些比值可用作 DNI 资源的校正因子）

（图片来源：NREL，Ray George）

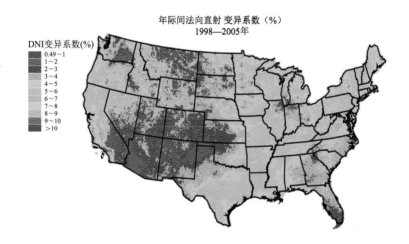

图 6-15　1998—2005 年间的 DNI 年际变率（COV 以％的形式表示）

（图片来源：NREL，Ray George）

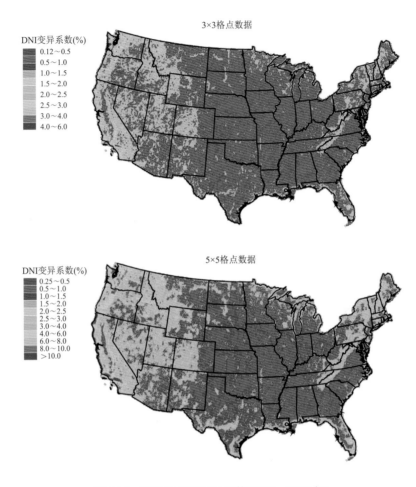

图 6-17　DNI 的空间变异系数(1998—2005 年)

(上图为 3×3 矩阵,下图为 5×5 矩阵)(图片来源:NREL,Ray George)